UNREAD

如何破解爱因斯坦的谜题

EINSTEIN'S RIDDLE

挑战智商的
29
个推理难题

[英]杰里米·斯特朗姆 — 著

王岑卉 — 译

JEREMY
STANGROOM

长江出版传媒　长江文艺出版社

目录

引言 你觉得谜题很简单吗？

哪怕是简单的谜题，也容易把人绕晕，这实在令人震惊。下面就是一个典型的例子：

男人指着一张半身照说：

"我没有兄弟姐妹，

但照片里的人的父亲

是我父亲的儿子。"

那么，他在看谁的照片？

你很有可能会猜那是他自己的照片。如果是这样，好消息是，你的答案可能也是最常见的答案；坏消息是你猜错了。事实上，那是他儿子的照片。（如果你不相信的话，请用"我"代替"我父亲的儿子"，然后再读一遍。）

如果你经常被这类问题绕晕，那么有一件事也许能让你欣慰一些——从古希腊时代开始，谜题、悖论和难题就一直困扰着人们。出生于埃利亚城邦的古希腊数学家芝诺就提出，英雄阿喀琉斯在赛跑中永远追不上乌龟，因为每当他跑到乌龟刚经过的位置，乌龟就已经又向前移动了一段距离，哪怕只是微不足道的一小段距离。自提出以来，"芝诺悖论"已经困扰了人们2000多年。这类难题绝不仅仅是简单的脑筋急转弯。

这些悖论中提出的难题，从本质上讲，其实是逻辑、时间、运动、语言问题。所以，挑战来了：要是你能为它们找出精妙的解答，那你就胜过了2000多年来为此冥思苦想的众多伟大思想家。

在阅读本书的过程中，你会发现有些问题简单，有些问题困难，有些则难到令人抓狂。有时候你会被激怒，甚至确信这并非"正确"答案；有时候你会困惑不已，觉得有些悖论完全是自相矛盾！但我希望，这些曾经为历史上众多伟大思想家提供了消遣和思考的谜题、悖论和难题，也能不断地让你感到兴奋和挑战。

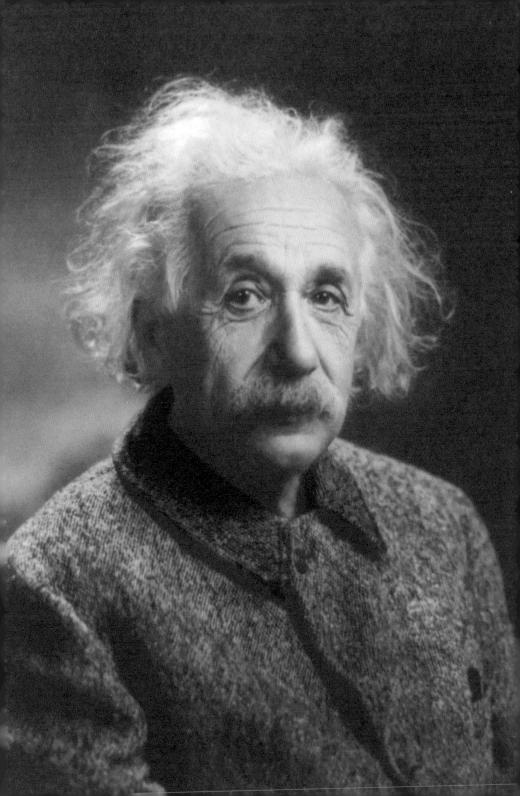

1
逻辑与概率

· 爱因斯坦的谜题 · 三门问题：法拉利还是山羊？
· 贝特朗之箱 · 男孩还是女孩 · 他们分别多少岁？

【逻辑】

严格遵照人类曲解能力的限度和无能来进行思考和推理的技巧。

——安布罗斯·比尔斯，《魔鬼辞典》

让我们先从轻松简单的开始。本章呈现的谜题不存在任何陷阱，只是关于逻辑和概率的简单测试。幸运的是，它们都有解决方案——后面章节提出的一些问题则没有。这意味着，如果你认真思考，就有可能找出正确答案。

不过，这里说的"轻松"是相对的。大多数人都不太擅长逻辑分析，所以很多人都会得出错误的答案。例如，"三门问题"看起来是对概率计算能力的简单测试，却骗过了世界上许多最擅长数学的参与者；"爱因斯坦的谜题"则被认为是有史以来最难的直接逻辑测试题。

因此，如果你能找出其中一两个问题的正确答案，就已经很棒了。不过请放心，本章中的谜题和难题仅仅是个开始。

爱因斯坦的谜题

你够不够聪明，能不能解开世界上最难的谜题？

相传，这个谜题是大科学家阿尔伯特·爱因斯坦小时候想出来的，据说全世界只有2%的人能得出正确答案。题目没有任何陷阱，只有唯一的答案。你只需要巧妙运用逻辑就能解题。当然，还需要很多很多的耐心。

五栋颜色不同的房子里住着五个国籍
不同的人，他们喝的饮料、参加的
运动、养的宠物也各不相同。

养鱼的人是谁？

已知事实：

1. 英国人住红房子。

2. 瑞典人养狗。

3. 丹麦人喝茶。

4. 绿房子在白房子的左边。

5. 绿房子主人喝咖啡。

6. 踢足球的人养鸟。

7. 黄房子主人打棒球。

8. 住中间房子的人喝牛奶。

9. 挪威人住在第一栋房子里。

10. 打排球的人住在养猫的人隔壁。

11. 养马的人住在打棒球的人隔壁。

12. 打网球的人喝啤酒。

13. 德国人打曲棍球。

14. 挪威人住在蓝房子的隔壁。

15. 打排球的人有个邻居喝水。

解开这个谜题的关键是画一张表格。五列分别对应五栋房子，五行分别对应国籍、房子颜色、饮料类型、运动类型和宠物种类。

提示

　　事实8指出"住中间房子的人喝牛奶"，事实9指出"住第一栋
房子的是挪威人"，所以我们可以将这些事实填入表格：

	1号房	2号房	3号房	4号房	5号房
国籍	挪威人				
房子颜色					
饮料			牛奶		
运动					
宠物					

以此类推，只需要根据线索填表就行了。祝你好运！

（答案请见第82页）

　　　　　　如何破解爱因斯坦的谜题

脑筋急转弯1

你有两个容器，一个能装3加仑水，一个能装5加仑水。你需要4加仑水。

怎么才能用这两个容器称出4加仑水？

（答案请见第134页）

脑筋急转弯2

全天都有列车从伦敦开往南安普敦。列车行驶在同一条轨道上，中途不停，始终以同样的速度前进。下午2点的列车花了80分钟开完全程，而下午4点的列车花了1小时20分钟。

为什么会这样？

三门问题：法拉利还是山羊？

威廉·卡普拉开心极了，因为他被选中参加最热门的电视问答节目《法拉利还是山羊》：参赛者要么开走一辆闪闪发亮的跑车，要么羞愧地牵走一只倔头倔脑的山羊。威廉虽然比谁都喜欢山羊，但还是更想赢走法拉利。不幸的是，这似乎不太可能发生，因为他被游戏节目主持人蒙提·霍尔设计的谜题难住了。

台上共有三扇门，一扇门背后是汽车，另外两扇门背后是山羊。汽车和山羊是随机分配的，没有任何规律。威廉要先选择一扇门。主持人蒙提·霍尔知道每扇门背后是什么，他会打开剩下两扇门中后面有山羊的那一扇。然后，威廉必须做出决定：是坚持自己原本的选择，还是选择剩下的那扇门？

蒙提·霍尔提醒威廉，大多数人都弄错了。他告诉威廉，当世界上智商最高的人之一玛丽莲·沃斯·莎凡特在《游行》(*Parade*)杂志的专栏文章中提出这个问题时，包括数百名数学家在内的一万多名读者写信（通常是很不客气地）抱怨她提供的答案不对。当然，这些人都错了。

那么，威廉应该怎么回答，才能避免成为又一个被问题难倒的人呢？如果他想把赢得法拉利的概率提升到最大，是应该坚持原本的选择，还是应该选剩下的那扇门？而他做出选择的理由又是什么？

（答案请见第84页）

1号门   2号门   3号门

贝特朗之箱

伟大的冒险家艾奥瓦·琼斯陷入了困境。他这辈子都在寻找"得梅因双珍珠",好不容易找到了。但有一个问题:他知道它们藏在三个首饰柜中的一个里,每个柜子都有两个抽屉,但他不知道是哪个。更重要的是,他撬开其中一个抽屉后,发现了一颗珍珠,看起来像是"双珍珠"中的一颗,且旁边还有一张让他背脊发凉的字条。

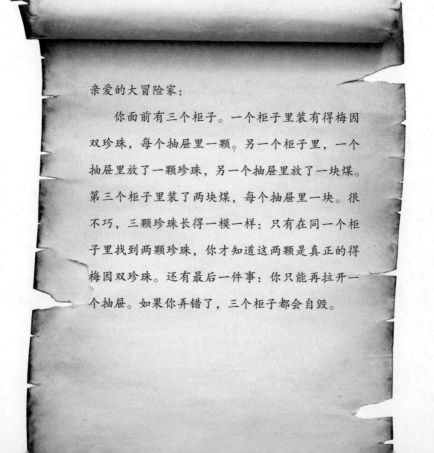

亲爱的大冒险家:

你面前有三个柜子。一个柜子里装有得梅因双珍珠,每个抽屉里一颗。另一个柜子里,一个抽屉里放了一颗珍珠,另一个抽屉里放了一块煤。第三个柜子里装了两块煤,每个抽屉里一块。很不巧,三颗珍珠长得一模一样:只有在同一个柜子里找到两颗珍珠,你才知道这两颗是真正的得梅因双珍珠。还有最后一件事:你只能再拉开一个抽屉。如果你弄错了,三个柜子都会自毁。

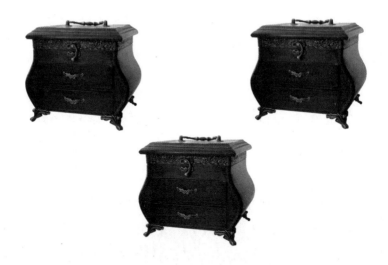

艾奥瓦·琼斯一边绕着三个柜子打转，一边思考自己的选择。他选择了已经拉开一个抽屉的那个柜子，然后举起铁锤，用力砸向第二个抽屉的挂锁。

艾奥瓦·琼斯在柜子里找到第二颗珍珠、得到自己追寻已久的珍宝的概率有多大？

（答案请见第88页）

男孩还是女孩

　　马丁·莫内塔遇上了一件麻烦事。他在安第斯山脉徒步旅行了6个月，时间一长，他似乎忘了自己孩子的性别。他知道自己有两个孩子，其中一个是男孩，但不确定另一个孩子是男还是女。

　　好消息是，他设法隐瞒了自己令人尴尬的失忆。坏消息是，他正在机场等待回家的航班，这意味着他必须给孩子们买礼物。问题出现了：男孩不会喜欢收到芭比娃娃，女孩则不会喜欢"无敌金刚"玩偶（马丁的另一个问题是，他的审美还停留在20世纪70年代）。

　　马丁认为自己最好依靠概率论。他需要确定自己尚不确定性别的孩子更可能是男还是女。然后，他就可以冒险一搏，给孩子选择合适的礼物了。

　　他沉思了一会儿，拿定了主意：既然两个孩子里至少有一个是男孩，那么另一个孩子更可能是女孩，而不是男孩。

他猜对了吗？如果他猜对了，又是为什么？

（答案请见第90页）

脑筋急转弯3

老国王决定安排一项任务，想看看两个儿子谁更适合继承王位。他告诉儿子们，谁的马更晚抵达山顶的教堂，谁就将成为下一任国王。他的小儿子立刻翻身上了马，以最快的速度冲向教堂。国王信守诺言，将王位传给了小儿子。

这是为什么？

（答案请见第134页）

脑筋急转弯4

蕾切尔开车从匹兹堡前往克利夫兰，全程113英里，平均每小时走30英里。

她回程时必须开得多快，才能让全程平均车速达到60英里／时？

他们分别多少岁？

社会学家、激进的思想家亚历克斯·吉本最近在考察德文郡农村革新意识的发展，但他在研究过程中遇到了一点儿问题。他整个上午都过得很愉快，挨家挨户找人聊"资本主义即将崩溃"——这是自1867年以来全世界社会学家都在期待的事。不过，今天的最后一场谈话却有些麻烦。

谈话一开始还挺正常的。吉本敲了门，做完自我介绍后，问应门的人这家住了几个人。对方说，家里一共住着三个人。吉本认为"革新政治能吸引所有年龄段的人，而不仅仅是爱做梦的青少年"，所以为了检验自己的理论，他问了问每个人都多少岁。就在这个时候，情况变得有点儿古怪了。他被告知，三人年龄的乘积是225，总和则等于门牌号。

吉本有些蒙。他瞄了一眼门牌号，记了下来，但还是不知道该怎么根据已知信息算出每个人的年龄。正当他打算放弃的时候，一个洪亮的声音从花园小径上传来：

　　如何破解爱因斯坦的谜题

"问问她，她是不是比她的兄弟姐妹年纪大得多！"吉本转过身，发现一名警官正目光炯炯地盯着自己。由于害怕，他乖乖照办了。应门的人答道："是的。"

　　吉本不知道这个答案能帮什么忙，但那名警官（也就是霍斯探长）解释了该怎么计算三个人的年龄。

霍斯探长是怎么给他解释的？家里的人分别多大？

（答案请见第92页）

2

推理出错

·这是常识，我亲爱的华生·玛丽做什么工作？
·赌徒的失误·偷东西的小丑·消失的美元

据说人是理性动物，我一辈子都在寻找支持这个说法的证据。

——伯特兰·罗素，《非通俗文选》（ *Unpopular Essays* ）

哲学家伯特兰·罗素有很多理由对人类的理性能力持悲观态度。我们人类太容易陷入混乱，犯下错误。比如下面这段论述：

每个人都是一缕阳光。每个人都是光与影的造物。因此，每个光与影的造物都是一缕阳光。

你觉得这话说得通吗？从前提是否必然能推导出"每个光与影的造物都是一缕阳光"这个结论？如果你觉得这话说得通，那你就犯了逻辑错误。同一个说法也可以换一种表述：

所有马都是哺乳动物。所有马都是四足动物。因此，所有四足动物都是哺乳动物。

如果你认为确实如此，那你还是别向乌龟教授动物学了！

当然，你也可能判断正确，正觉得充满自信。如果是这样的话，那我希望你不是盲目自信，因为绝大多数人都会弄错本章中的难题。

这是常识，我亲爱的华生[1]

  杰克·道警官受够了管理交通和营救逃跑鹦鹉的杂活。因此，他在《警务报》上看到大恰德雷警局招聘警探的启事后，兴高采烈地递交了申请，并获得了面试机会。但面试时，他被告知首先要通过一项能力测验，看他是否具备成为顶尖警探所需的逻辑技能。

  道警官一向自诩机智过人，深信自己能轻松通过测试，成为一名光荣的警探。得知测试内容后，他仍然自信满满。

  测试人员摆出四张卡片，并表示卡片是严格按照规则制造的：

> 如果卡片一面有圆形图案，那么另一面一定是黄色。

  道警官被告知，每张卡片都是一面有某个图形，另外一面是某种颜色。要想通过测试，他只需要判断，要翻转四张卡片中的哪一张或哪几张（而且只翻转那一张或那几张），才能确定卡片制作时有没有严格按照规则。

  四张卡片如下：

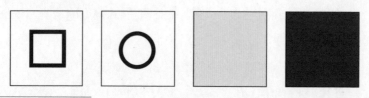

道警官简直不敢相信自己运气这么好。像他这么才华横溢的人，肯定不会被这个简单的测试难倒。不过，他刚准备开口作答，测试人员又提了一句：通常只有20%的申请者能答对。显然，人们并不太擅长做这种逻辑题。

道警官犹豫了片刻，然后做出了选择……

为了确认卡片是不是按照规则制造的，从而通过这项能力测试，他需要翻转哪一张或哪几张卡片？

（答案请见第94页）

玛丽做什么工作？

玛丽·戴维斯现年32岁，尚未婚配，个性直率，头脑机智。她拥有社会学学位，在大学期间积极参与学生政治运动，尤其关注与种族主义和贫困有关的议题。她还参加过动物权利、支持女性堕胎权、反全球化和反对核武器的示威活动。目前，她特别关注环境议题，例如可再生能源和气候变化。

下面是四个关于玛丽的表述。根据上面提供的信息，请按照以下评分标准，判断每个表述可能为真的程度：

> 1—非常可能；2—相当可能；
>
> 3—有可能；4—不太可能；5—很不可能

表述	可能为真的程度
1. 玛丽是精神疾病学科的社会工作者。	
2. 玛丽是银行职员。	
3. 玛丽是保险推销员。	
4. 玛丽是活跃于女权运动的银行职员。	

如何破解爱因斯坦的谜题

关于玛丽的哪个表述最有可能是真的？

也许你会认为答案没有对错之分。显然，根据上文的简单描述，我们没法确定玛丽做什么工作。这当然没错。但在猜测玛丽现在可能做什么工作的时候，大多数人都猜错了。

因此，除了判断每个表述为真的可能性，你能不能想出人们为什么会猜错玛丽的职业呢？

（答案请见第 96 页）

赌徒的失误

凯伦·琼斯是个铁杆足球迷。她看电视上的英格兰联赛，支持曼联队。一天早上，她收到了一封电子邮件，内容很简单：

> 10月12日——德比郡队获胜。

她并没有多想，但注意到那一天德比郡队确实赢了，而此前很多人都认为德比郡队不可能获胜。

接下来的一周，她又收到了一封类似的电子邮件，预言米德尔斯堡队将获胜。果然，这支球队确实赢得了比赛。第三周，她又收到了一封预测邮件，事实再次证明预测结果是准确的。第四周收到的预测邮件也一样。

到这个时候，凯伦的好奇心已经爆棚了。看起来，她吸引了世界上唯一可靠的预言家的关注。如果她参与赌球，完全可以根据这些预测赚大钱。不过，凯伦为人谨慎，并不相信任何一场足球赛的结果都是上天注定的。因此，她暂时持怀疑态度。

但情况一如既往。她每周都会收到一封预测球赛结果的邮件，每周的预测都无比准确。到了第十周，电子邮件的内容变了。这一回，上面写的是：

> 要想获得决赛预测结果，请给足球预测公司转账250美元。

凯伦大呼可惜，因为她此前一直没有参与赌球。不过，她又想了想，反正250美元也不多，只要下注2000美元就能得到可观的回报。她算出，连续准确预测九场比赛结果的概率约为1/7000（假设比赛结果是随机的），这意味着足球预测公司肯定掌握某些内部消息。于是，她付了钱，收到了预测邮件，然后下了注。

但后来，凯伦认真琢磨了一番事态发展，当思绪回到大学概率课上，她才意识到自己犯傻了，落入了概率陷阱。足球预测公司根本不知道谁会赢得下一场比赛。她被骗了。

凯伦想明白了什么？

（答案请见第97页）

偷东西的小丑

博佐学院的见习小丑全都惊呆了。一名小偷偷走了学院的873个黄气球和一台坏掉的充气泵。好消息是，有人目击了作案经过，说小偷身穿本学院的小丑制服，顶着个红鼻子。此前的研究表明，目击者有80%的概率能准确指认犯罪小丑的鼻子颜色。众所周知，博佐学院里85%的小丑是蓝鼻子，15%的小丑是红鼻子。

假设目击者没说谎，小偷是红鼻子的概率是多少？

提示

回答这个问题的关键在于，要意识到不能只依赖目击者证词的准确性。（也就是说，如果你认为概率是80%，那就大错特错了。）相反，必须考虑博佐学院中蓝鼻子和红鼻子小丑的总体分布。

（答案请见第98页）

脑筋急转弯5

动物园里的一名管理员突然分不清大象和鸸鹋了。不过，他数得清有多少只眼睛，多少只脚。他数出一共有58只眼睛和84只脚。

动物园里有几头大象，几只鸸鹋？

（答案请见第135页）

脑筋急转弯6

碗里的细菌每分钟分裂一次，分裂出的菌体与原菌体大小相等，而且同样是每分钟分裂一次。中午12点的时候，整个碗就满了。

几点钟碗是半满的状态？

消失的美元

3名旅行推销员住进了一家酒店。他们不想多花差旅费，于是决定同住一间房。他们付给酒店经理30美元，然后奔向店里的迷你酒吧开怀畅饮。酒店经理突然想起工作日的房价是25美元，于是塞给行李员5美元，叫他拿去还给3名推销员。行李员绞尽脑汁也想不出来，怎么才能把5美元平均分给3个人。于是，他昧下了2美元，还给3名推销员每人1美元。

但问题来了——似乎有1美元神秘消失了！3名推销员最初付给酒店30美元（每人10美元）。酒店经理从这30美元里抽了5美元给行李员。行李员自己留下了2美元，将剩下的3美元还给了3名推销员（每人1美元）。每个推销员最初付了10美元（3×10＝30），后来收回了1美元，也就意味着每个人付给了酒店9美元。

因此，推销员付了27美元（3×9＝27），行李员拿走2美元，加起来总共是29美元。但推销员最初付给酒店的是30美元。

消失的1美元去哪儿了？

（答案请见第100页）

如何破解爱因斯坦的谜题

脑筋急转弯7

一只天鹅前面有两只天鹅，一只天鹅后面有两只天鹅，中间有一只天鹅。

共有几只天鹅？

（答案请见第135页）

脑筋急转弯8

两个男孩是同年同日同时由同一个母亲生的，但他们不是双胞胎。

这是怎么回事？

3

现实世界

·囚徒困境·1美元拍卖·赌徒谬误
·谎言、该死的谎言与统计学·威慑的悖论·司法管辖权的悖论

> 逻辑是一回事，常识则是另一回事。
>
> ——阿尔伯特·哈伯德，《笔记》(*The Note Book*)

你可能会认为，这本书里的谜题和难题与日常生活毫无关联。它们也许能提供消遣，也许是有用的益智练习，但它们带来的挑战并不是日常生活中会遇到的。正如阿尔伯特·哈伯德所说，逻辑是一回事，常识则是另一回事。

不过，你不该不假思索地得出上述结论。尽管你可能永远不需要根据房子和房主的信息弄清鱼是谁养的，但计算概率、做出决策、找出错误推论的能力，确实拥有一定的现实意义。不说别的，如果你要做陪审团成员的话，培养出上述能力会很有帮助。

因此，即使你无法顺利解答本章提出的实际应用问题，也不要轻易用"逻辑和理性是不必要的奢侈品"这样的说法安慰自己。确实，"逻辑是一回事，常识则是另一回事"，但据此就咬定常识、放弃逻辑，并不是明智的选择。

囚徒困境

　　亚瑟·阿喀琉斯和赫克托耳·豪斯因为在特洛伊盾形徽章酒吧外斗殴被警方逮捕。当海水神秘地变成暗酒红色，他们原本策划的码头抢劫出了差错，两人闹崩并大打出手。不过，警方证据不足，无法针对码头抢劫起诉亚瑟和赫克托耳。于是，警方想出了一个妙计：将两人分开关押，并分别提供以下交易。

　　如果一个人招供，证明另一个人参与了码头抢劫，而另一个人保持沉默，那么招供者就会被释放，而他沉默的同伙将被判入狱10年。如果两个人都保持沉默，那么他们只会因为斗殴被判入狱6个月。但如果两个人都供出对方，那么每个人都会被判处5年徒刑。赫克托耳和亚瑟必须选择是招供，还是保持沉默。

　　两个人无法交流，也不知道对方会怎么做。这使他们陷入了两难境地。

　　　　　　　　如何破解爱因斯坦的谜题

囚徒是应该保持沉默，并希望对方也这么做，

还是应该马上招供，坦白从宽？

提示

下面的表格展示了各种可能性：

	赫克托耳保持沉默	赫克托耳马上招供
亚瑟保持沉默	两人都被判入狱6个月。	亚瑟被判入狱10年。赫克托耳获得自由。
亚瑟马上招供	亚瑟获得自由。赫克托耳被判入狱10年。	两人都被判入狱5年。

（答案请见第102页）

1美元拍卖

罗纳德·蓬普想出了一个完美的赚钱计划。他将在拍卖会上出售1美元的钞票。乍一看，这个计划似乎并不完美。但罗纳德为拍卖制定了一些特殊规则：出价最高的人将拍得1美元钞票，但出价第二高的人也要付钱，出价多少就付多少。最重要的是，出价第二高的人得不到任何回报。

如果你还是搞不清这怎么能赚钱，请想一想拍卖是如何进行的。假设第一个人出价1美分，希望能赚99美分，其他竞拍者无疑会提高报价，因为哪怕赚得再少也是赚。很快，大家的报价就会不断攀升。

但当报价达到99美分时，问题就来了。前一位报价人（可能报价98美分）除非给出1美元的报价，否则就会白白损失一笔钱。显然，从前一位报价人的角度来看，收支平衡总比因为不继续报价而白白赔掉98美分要好。但这会让先前报价99美分的人陷入同样的困境，他最好出价1.01美元（意味着赔掉1美分），而不是停止报价并因此赔掉99美分。关键在于，这种模式可能会无限持续下去，只有拍卖方能从中获益。

罗纳德·蓬普的赚钱计划是不是完美无缺？
还是说，竞拍者有办法逃出他设下的陷阱？

（答案请见第104页）

脑筋急转弯9

你面前有两扇门，一扇背后是头猛狮，另一扇背后是罐金子。两扇门分别由两名警卫守护。你只能提一个问题。一名警卫总是说真话，另一名警卫总是说谎。

为了弄清金子在哪扇门背后，你应该提什么问题？

（答案请见第136页）

脑筋急转弯10

你有8本书。

把它们从左到右摆在书架上，一共有几种摆法？

赌徒谬误

鲍比·德法罗想出了一个从新开的超级赌场赢钱的完美方法。方法好就好在非常简单。事实上，它只需要一张轮盘赌桌、一小笔钱和很多很多的理智。

方法包含两个部分。首先，德法罗会在赌场里的轮盘赌桌边张望，直到看见连续转出好几把红色或黑色。然后，他就把筹码押在另一种颜色上。理由如下：小球落在黑色或红色数字上的概率大约是一半（由于存在庄家通吃的情况，也就是转出单零或双零，所以概率不完全是对半分）。这就意味着，轮盘平均每转20次，小球会落在红色数字上10次，落在黑色数字上10次。因此，如果连续转出好几把黑色或红色，那么接下来押另一种颜色就说得通了，因为随着时间的推移，概率会渐渐被拉平。德法罗相信，他能以这种方式赢得足够多的钱，以便将方法的第二部分付诸实施。

方法的第二部分是先押黑色，如果没有押中，就将赌注翻倍。这么一来，等他最终押中的时候，之前所有的损失都能得到弥补，还能赚到与最初押注金额相当的钱。

德法罗相信，概率定律意味着他的方法万无一失。

连续多局押中的盈亏状况

（假设输赢概率相等）

	押注金额（将此前赌注翻倍）	赢利	亏损（失去此前赌注）	总赢利
第 1 局押中	2	2	-	2
第 2 局押中	4	4	2	2
第 3 局押中	8	8	6	2
第 4 局押中	16	16	14	2
第 5 局押中	32	32	30	2
第 6 局押中	64	64	62	2

连续转出黑色或红色的情况不会永远持续下去，因此接下来押另一种颜色是说得通的。在赢钱概率为一半的赌局中，不可能一直输下去。因此，如果你每次输钱后都将赌注翻倍，很快就能赢回输掉的钱，还能有所赢利。

德法罗想出的方法是不是完美无缺？还是说，他的概率知识就像一只对坚果过敏的松鼠那样不切实际？

（答案请见第105页）

谎言、该死的谎言与统计学

　　吉姆和朱尔斯是池边恰德雷镇上的死对头。两人总是较着劲儿，看谁能把镇上的大钟撞得更响，谁能在一年一度的"蒙眼给毛驴贴尾巴"比赛中获胜，谁能追到镇上的某个漂亮女孩。不过，他们大部分时间都在争夺凯瑟琳·莫罗杯。这座奖杯将被授予在一系列智力竞赛中得分最多的成员。与他们对阵的两支队伍来自湖边恰德雷镇和海边恰德雷镇。

　　今年的比赛尤为激烈。当池边恰德雷镇的镇长在人头攒动的大礼堂中宣布比赛结果时，两个男孩都紧张得坐立不安。

　　计分结果显示，在对阵另外两支队伍的比赛中，吉姆的平均得分都比朱尔斯高。因此，镇长宣布吉姆获胜，夺得奖杯。吉姆欢呼雀跃，手舞足蹈地庆祝胜利，却被大礼堂后排传来的一个声音打断了。镇上的警察兼业余哲学家霍斯探长要求跟镇长说几句话。镇长跟霍斯探长聊了好一会儿，又挠了好一阵子头皮，最终撤销了原先的决定，宣布计分结果表明朱尔斯才是赢家。这让所有人都大吃一惊。

对阵湖边恰德雷镇

	吉姆	朱尔斯
抢答次数	10	6
总得分	500	270
平均得分	50	45

对阵海边恰德雷镇

	吉姆	朱尔斯
抢答次数	4	10
总得分	320	700
平均得分	80	70

吉姆对这个结果很不服气。就连朱尔斯也没有大肆庆贺，他简直不敢相信自己赢了。

霍斯探长说了些什么，让镇长改变主意，宣布朱尔斯获胜？

（答案请见第106页）

威慑的悖论

斯坦利·洛夫为自己种出的大南瓜而骄傲，准备送去参加梅迪本普斯镇的年度南瓜大赛。一天早上，他发现自己的一颗大南瓜被本地黑帮"梅迪帮"刻上了标记，心顿时凉了半截。他知道，给南瓜刻标记是个日益严重的问题。针对未来可能发生的袭击，他决定采取威慑战略。他在自己的南瓜地周围竖起了巨大的警示牌，宣布他的南瓜都连上了发电机，一旦发现有人偷袭，他就会拉闸通电。

不过，"梅迪帮"可不会被几千伏的高压电吓跑。第二天晚上，他们又回到斯坦利·洛夫的南瓜地，给他珍爱的南瓜"大西洋巨人"刻上了标记。斯坦利·洛夫躲在发电机后面目睹了一切。他正打算兑现承诺通电，突然意识到了一点——他并不想这么做。威慑战略失败了，黑帮已经毁了他的南瓜，因此伤害他们是毫无意义的，什么都改变不了。

事后，斯坦利开始思索威慑的本质。在他看来，"以威慑来阻止"本身似乎是个悖论。如果只有威胁要实施（你知道自己不想

如何破解爱因斯坦的谜题

实施的）制裁才能构成威慑，那么一开始就不存在实施制裁的意图（因为你知道自己并不想实施）。然而，威慑力取决于各方都意识到确实存在以某种方式做出回应的意图。

这真的是个悖论吗？它会破坏"威慑"的理念吗？

还是说，我们仍能以某种方式实施威慑？

（答案请见第108页）

司法管辖权的悖论

朱迪·所罗门法官是大博维市最优秀的法律专家，有人向她提出了一个令人困惑的问题。几年前，在池边恰德雷镇的秋季野鸡狩猎中，小博维市的礼仪鹦鹉伊卡洛斯身受重伤。它被匆匆送回小博维，接受了当地最好的治疗，但不幸在次年春天因伤重不治身亡。当时并未查出是什么人击落了伊卡洛斯。不过，杰克·道警探在进入大恰德雷警局后希望搞出点名堂来。他最近查出，罪魁祸首是当地的农场主比利·布莱克劳。但极具讽刺意味的是，枪击事件发生后仅仅几周，比利就染上黄热病一命呜呼了。

起初，道警探很高兴自己破了案。但他越想越不确定，到底是谁杀死了鹦鹉伊卡洛斯，或者更确切地说，伊卡洛斯是在什么时候、什么地方被杀的。问题在于，伊卡洛斯肯定不是在秋天被杀的，因为它在秋天的时候还活着。但它也不是在春天被杀的，因为那个时候比利·布莱克劳已经死了，死人不可能杀人。但是，如果伊卡洛斯不是在秋天被杀的，也不是在春天被杀的，那么它到底是什么时候被杀的？

此外，如果伊卡洛斯不是在秋天被杀的，那它就不可能是在池边恰德雷镇被杀的，因为那是它唯一一次前往恰德雷镇。但同样的道理，它也不可能是在小博维被杀的，因为造成它重伤的比利·布莱克劳从来没去过小博维。况且，在伊卡洛斯伤重不治之前，比利就已经一命呜呼了。

因此，杰克·道警探对所罗门法官提出了三个简单的问题。

是谁杀了鹦鹉伊卡洛斯？

它什么时候被杀的？在什么地方被杀的？

（答案请见第110页）

Alfred de Musset.

4

运动、无限与模糊理论

· 秃头的逻辑 · 多莉的猫与忒修斯之船

· 无限旅馆 · 芝诺与两人三足赛跑

我情难自禁——无限折磨着我。

——阿尔弗雷德·德·缪塞，《寄望上帝》(*L'espoir en Dieu*)

初看起来，涉及运动、无限、模糊理论的难题似乎有些深奥。但事实上，你可能早就遇到过相关概念引发的挑战。

以"无限"这个概念为例。请想一想：时间是无限的。它既可以无限追溯到过去，也可以无限延伸向未来。但宇宙中物质的数量是有限的，这个数字是固定的，而且无从改变。这两个事实相加得出的结果是（至少看起来是）：任何一种可能的物质排列方式都会在某一时刻出现，不是出现一次，而是出现无数次。此外，由于时间可以无限追溯到过去，所以每一种可能的物质排列方式都已出现过无数次。这就意味着，你并不是第一次读到这本书。

如果你对这种思维实验并不陌生，那么你可能已经对本章介绍的几个难题有所了解。不过，令人高兴的是，这可能并不是因为你已经无数次读过这本书……

秃头的逻辑

参孙为自己的满头秀发备感自豪。他发现女友大利拉盯着他的脑袋，嘟囔着"秃头"时，不禁感到心烦意乱。参孙在迦南大学研究过哲学，因此他有信心证明，无论掉多少根头发，自己都不会变秃。

参　孙：有10000根头发的男人算秃吗？

大利拉：这种男人满头秀发，显然很幸运。

参　孙：拔掉一根头发能不能让他从不秃变秃？

大利拉：对这种男人来说，少一根头发根本算不了什么。

参　孙：那么，有9999根头发的男人不算秃吧？

大利拉：当然不算。

参　孙：那么，有9998根头发的男人呢？

大利拉：不算。

参　孙：那如果是9997根呢？

大利拉：等等，参孙，你不会就这么一直倒数到零，说一个没头发的男人也不算秃吧？那也太无理取闹了！

参　孙：这才不是无理取闹呢，大利拉。你刚才不是说，从不秃的男人头上拔掉一根头发，不可能让他变秃吗？我的推论无懈可击，我永远都不会变秃。

大利拉：（四处转悠，寻找剪刀）

参孙的逻辑错在哪里?

他当然不可能永远不会变秃,对吧?

(答案请见第112页)

多莉的猫与忒修斯之船

多莉·埃利斯无可救药地爱着自己的猫咪蒙莫朗西。但是她也非常清楚,蒙莫朗西有很大概率会比她自己更早离开人世。于是,她想出了一个计划,确保能和猫咪长长久久在一起。她的计划就是克隆蒙莫朗西身体的各个部位,在这些部位功能衰退后逐一替换。她有点儿担心这会改变蒙莫朗西,于是决定先做个试验。

她从蒙莫朗西的尾巴开始替换。新尾巴也许比旧尾巴更油光水滑,但蒙莫朗西似乎还是蒙莫朗西。接下来,她更换了蒙莫朗西的四条腿。没问题,它看起来没有任何改变。蒙莫朗西做完换头手术后,性格仍然毫无变化,于是多莉继续执行自己的计划,用"新零件"替换蒙莫朗西身体的每个部位。

多莉很高兴能通过这种方式延长蒙莫朗西的寿命。但几周后,她去听了一场希腊哲学的公开讲座,然后她的快乐就变成了恐惧。蒙莫朗西似乎已经不是蒙莫朗西了,而是一个同样爱吃沙丁鱼、浑身毛茸茸的冒牌货。

多莉如此不安是因为她意识到了什么?
她应该如此焦虑吗?

（答案请见第 114 页）

脑筋急转弯11

网球淘汰赛共有31场比赛。"淘汰赛"指的是，球员只要输掉一场比赛就会被淘汰。

共有多少名球员参加比赛?

（答案请见第137页）

脑筋急转弯12

一名男子住在市区一栋公寓楼的13楼。每个工作日，他都会坐电梯下到1楼，然后出门上班。他回来时会坐电梯到8楼，然后爬楼梯上13楼。如果是雨天，他也会这么做，只是会先坐电梯到10楼，再爬楼梯上13楼。

他很讨厌爬楼梯，那他为什么要这么做?

无限旅馆

　　巴兹尔·辛克莱是一名自豪的旅店管理者，拥有一家不同寻常的旅馆——"无限旅馆"，拥有无穷多间客房。辛克莱始终自信满满，深信旅馆的广告语"我们永远有空房给您"永远适用。不过，他今天有点儿紧张。当地业余哲学家兼数学家霍斯探长租了旅馆的会议室举办大型演讲。令人惊讶的是，有无穷多位客人前来参加。这意味着无限旅馆的所有房间都住满了。

　　透过旅馆大堂的窗户，辛克莱紧张地朝外张望。他惊恐地发现了一个新问题：一辆长途客车正朝着旅馆的车道驶来。当另一群无穷多位客人下车，朝旅馆旋转门走来时，辛克莱简直惊讶得嘴都合不拢了。经过相当长一段时间后，客人们全都挤在旅馆前台，要求办理入住。当辛克莱告诉他们目前旅馆已经客满后，他们引用辛克莱的广告词表达了愤怒。

　　幸运的是，霍斯探长一直在旁观望。他走了过来，宣布有一个方法能让旅馆顺利容纳无穷多位新客人，而且确保没有人会跟别人同住一间房。霍斯探长指出，解决客满问题的关键是要意识到，"无限旅馆中每个房间都住了人"并不意味着没有多余的房间给新来的客人。

霍斯探长认为无限旅馆怎么
才能容纳下无穷多位新客人？

（答案请见第116页）

芝诺与两人三足赛跑

通常来说，每年斐迪庞第斯狂欢节上的两人三足赛跑一向能顺利进行。但今年不幸发生了一起争执，把选手们气得暴跳如雷，严重扰乱了比赛进程。骚乱始于观众席上一位哲学家，他对一队有五条腿的选手抢先起跑发出了异议。这位哲学家提出了一个令人难以置信的说法：目前无法确定其他选手能否追上那队五条腿的选手。他解释说，希腊人早就通过一系列乌龟实验探讨过这个问题。

想象一下，步伐轻快、疾如闪电的勇士阿喀琉斯与乌龟赛跑，他让乌龟先起跑。尽管阿喀琉斯的奔跑速度比乌龟快得多，但他可能永远无法追上慢吞吞的乌龟。这基于一个事实：每当阿喀琉斯跑到乌龟之前所在的位置，乌龟都会向前移动一小段距离，哪怕只是微乎其微的一小段。

下图将清晰展示这一点。

比赛刚开始的时候（t1），乌龟领先。很快，阿喀琉斯跑到了乌龟刚开始所在的位置，但乌龟已经向前移动了（t2）。t3的时候，阿喀琉斯跑到了t2时乌龟所在的位置，但乌龟又向前爬了一段。看起来这种模式将无限延续下去：阿喀琉斯离乌龟越来越近，但永远无法真的追上乌龟。

哲学家向两人三足赛跑的选手们做了上述解释。大家十分困惑，但没有被说服。不过，当哲学家向大家发起挑战，让他们说说这个推论有什么问题时，又没人说得出来。

他们应该怎么说？希腊人哪里弄错了？

毕竟，乌龟不可能靠抢跑赢得每一场比赛。

（答案请见第118页）

5

哲学难题

·图书馆员的困境·说谎者悖论

·圣彼得堡悖论·法庭悖论·布里丹之驴

只要是你能想象出来的东西，不管多么奇怪，

多么令人难以置信，都有某个哲学家曾经说过。

——勒内·笛卡儿,《谈谈方法》

对哲学家来说，谜题和难题绝不仅仅是无关紧要的消遣，而是洞悉世界的潜在源泉，有助于加深对整个世界的了解。例如，"罗素悖论"就在20世纪初引发了一场革命，改变了哲学家和数学家对"集合"本质的理解。同样，上一章提到的"芝诺悖论"也有哲学上的意义，它在某种程度上拓展了19世纪数学界对"无限"这个概念的理解。

本章和前后章节中提到的谜题和难题，并非每一题都有清晰明确的答案。因此，如果你因为解不开难题感到沮丧，请不要灰心。经典哲学难题"说谎者悖论"是2500多年前提出的，迄今为止人们尚未就它的答案达成共识。因此，如果你解不开难题，请这么安慰自己：历史上许多最伟大的思想家都为这些问题绞尽脑汁，最后也没能得出答案。

图书馆员的困境

亚历山德拉·佩加蒙刚被任命为享誉全球的小博维图书馆的编目主管。她给自己安排的第一项任务就是为现存所有的图书目录做一份总目录。但她查看图书目录（收录了图书馆里各类特殊馆藏中每本书的书名）时，发现有些目录将本身也纳入馆藏记录的一部分，有些则没有。

她觉得这样太乱了，于是决定做两份总目录：第一份包括图书馆中所有将本身纳入馆藏记录的目录，第二份则包括所有没有将本身纳入馆藏记录的目录。

拿定主意之后，她就着手去做了。在完成第一份总目录后，她想到，由于总目录也属于目录，它应该将本身纳入进去。于是，她就在这份目录中纳入了它本身。接下来，她开始做第二份总目录，不出几个小时就完工了。就像做第一份总目录一样，她打算在目录中纳入它本身。但她很快意识到，对于第二份总目录来说，情况并没有那么简单。根据她制定的规则，她既无法在这份目录中纳入它本身，也没法不纳入它本身。事实上，她似乎进退两难。

她为什么不能在第二份总目录中纳入它本身？

（答案请见第119页）

脑筋急转弯13

你卧室里的钟坏了，每小时会多走36分钟。不过，它恰好在1个小时前停了，钟面显示的时间是上午8点24分。你知道它在凌晨2点时，显示的时间还是准确的。

那么现在是几点？

（答案请见第138页）

脑筋急转弯14

一支队伍有50名士兵，他们在战后受伤情况如下：36人失去了一只眼睛，35人失去了一只耳朵，40人失去了一条腿，42人失去了一条胳膊。

同时受了四种伤的士兵最少有几个？

说谎者悖论

　　明希豪森男爵[1]总是骄傲地表示，自己能判断出别人说的话是真是假。例如，他一口咬定，当汉尼拔说自己收购大象[2]是为了组建马戏团时，他是第一个意识到汉尼拔没说实话的人。

　　有一天，明希豪森接到一个自称欧布里德的家伙打来的电话，声称有些命题就连明希豪森也弄不清是真是假。明希豪森绝不会放过任何一个机会，证明自己比某个去世已久的哲学家聪明。于是，他让欧布里德说说看。

　　欧布里德给出的第一个命题是：

这个命题是假的。

---

1 明希豪森男爵，又被称为"大话男爵"，18世纪德国人，以在社交场合讲述战
　争期间匪夷所思的故事而闻名，后成为夸大其词、不着边际、天花乱坠的代名词。
2 此处指迦太基军事统帅汉尼拔率领战象翻越阿尔卑斯山、远征意大利的历史。

明希豪森立刻发现了问题所在。如果这个命题是真的，那么它所肯定的内容就是真的，但它所肯定的内容是"这个命题是假的"，这就意味着它必须是假的。然而，如果这个命题是假的，那么它所肯定的内容就是假的，但它所肯定的内容是"这个命题是假的"，那就意味着它其实是真的。这无疑自相矛盾。明希豪森深吸了一口气，忍住没哭，而是提出了自己的反驳：这个命题事实上既不真也不假，并非每个命题都必须非真即假。

明希豪森庆幸自己有惊无险地过了关。但不幸的是，欧布里德的挑战还没有结束，他又给出了另一个命题：

> 这句话不是真的。

明希豪森思考了一会儿，才意识到自己遇上了大麻烦。他不能再断言这个命题既不真也不假，也不知道怎么才能摆脱这个悖论。

明希豪森认为这个命题不可能既不真也不假，
这个想法正确吗？为什么？
他还有别的办法来逃出这个悖论吗？

（答案请见第120页）

圣彼得堡悖论

　　乔治·麦克莱伦是一名卡巴莱歌舞剧演员，在著名的无限旅馆上班。他对酒店赌场正在推广的一种全新赌博游戏很有兴趣，据说赢家可以一夜暴富。在下一场独角戏《如果我是大独裁者》开场前，麦克莱伦还有几个小时的空闲时间。于是，他决定去瞧瞧那个赌博游戏，发现规则如下：连续抛一枚均匀的硬币，直到抛出背面朝上。如果第一次就抛出背面朝上，玩家将获得2美元，游戏结束；如果第二次抛出背面朝上，玩家将获得4美元，游戏结束；如果第三次抛出背面朝上，玩家获得8美元，游戏结束；以此类推。换句话说，玩家能获得的奖金是2美元的n次方，n是将硬币抛出背面朝上所需的次数。

　　不过，其中另有玄机。每场游戏开始前，赌场都会举行一次拍卖，大家要为参加游戏竞价，只有出价最高的人能参加游戏。乔治·麦克莱伦虽然不差钱，但也懂得规避风险，于是准备计算一下概率，看看自己应该出价多少。

　　麦克莱伦盯着一堆数字发呆，突然想起自己只是个歌舞表演家，又不是统计学家。于是，他打电话给朋友——似乎无处不在的霍斯探长，寻求他的帮助。

提示

抛出背面朝上的局次（N）	N 出现的概率	赢得的奖金
1	1/2	2 美元
2	1/4	4 美元
3	1/8	8 美元
4	1/16	16 美元
5	1/32	32 美元
6	1/64	64 美元
7	1/128	128 美元
8	1/256	256 美元
9	1/512	512 美元
10	1/1024	1024 美元

霍斯探长建议麦克莱伦为了参加游戏出价多少？
为什么？

（答案请见第122页）

法庭悖论

贝利·维恩波尔是一名马上要上法学院的本科生。为了免交学费，他制订了一个完美的计划。他设法说服洛克海文法学院和他签了一项协议。根据这项协议，他需要向学院支付双倍学费，但前提是他第一次出庭胜诉。在那之前，他都不用支付任何费用。不过，法学院管理人员不知道，维恩波尔只打算接他认为无法获胜的案件。

取得律师从业资格后的五年时间里，维恩波尔都是这么做的。他巧妙利用一个原则从而大获成功——争取只接在全国性电视节目中直播犯罪，然后当着数百万人的面签下认罪书的客户。

但对维恩波尔来说不幸的是，普罗塔哥拉[1]教授最近接管了洛克海文法学院，决定不再忍受这些伎俩。教授想出了一个和维恩波尔一样巧妙的诡计，好让这小子乖乖掏钱。他决定起诉维恩波尔拖欠学费。

普罗塔哥拉教授并不指望法学院胜诉，但相信无论如何都能收到学费。他的理由如下：如果维恩波尔胜诉，那么他就将第一次出庭胜诉，根据协议，这意味着他必须偿还欠款；如果维恩波尔败诉，就意味着法庭确认他必须支付学费。无论如何，洛克海文法学院都会收到钱。

---

1 公元前 5 世纪的希腊哲学家，智者派代表人物，著有《论神》《论真理》和《论相反论证》等，提出"人是万物的尺度"这一著名命题。

毫无疑问，维恩波尔并不是这么想的。他认为，如果自己胜诉，就意味着法院确认他无须支付学费。如果自己败诉，就代表他没有第一次出庭胜诉，也就意味着无须偿还欠款。因此，无论如何法学院都不会收到钱。

两方谁的想法是正确的？为什么？

（答案请见第125页）

布里丹之驴

赫克托耳·豪斯正在小博维刑事法庭接受审判。他从码头偷窃纯血统龟的尝试惨遭失败，顽强的乌龟挣脱束缚逃走了。最终，豪斯与同伙亚瑟·阿喀琉斯大打出手。阿喀琉斯与警方达成了认罪交易，出卖了豪斯。

豪斯别无选择，只好承认了"盗窃未遂"的罪行。不过，为了避免牢狱之灾，他向陪审团递交了以下说辞。

各位尊敬的陪审员：

我确实想通过非法手段获取纯血统龟，但我不该因为这一犯罪行为受到惩罚。人不过是一台复杂的机器。就像任何机器一样，我们的行为不可避免地取决于既定程序。我的犯罪行为是先前发生的所有事件的必然结果，那些事件本身也是先前事件的后果。以此类推，可以追溯到我出生的那一刻。我总会试图偷窃乌龟，因为人的所作所为都是既定的。因此，我不该对发生的事负责，也不该被判有罪。

对豪斯来说不幸的是，控方请了霍斯探长作为专家证人来驳斥这段话。霍斯探长请陪审团设想以下场景。

一头饥饿的毛驴站在两捆等质等量的干草中间，离两捆干草的距离相等。没有任何因素导致这头毛驴偏爱其中某一捆干草。因此，如果正如豪斯所说，"因果决定论"正确，那么毛驴将无法在两捆干草之间做出选择，只会站在原地犹豫不决，直到饿死。你也许能想象这种事发生在呆头呆脑的毛驴身上，但在同样的处境下，人肯定会做出选择，而不是活活饿死。这就意味着"因果决定论"不适用于人类，人肯定拥有自由意志。因此，赫克托耳·豪斯是在狡辩，他应该被判有罪。

霍斯探长说得对吗？人在这种处境下会做出选择，是否意味着自由意志是存在的？

（答案请见第126页）

6

自相矛盾

·纽科姆悖论·惊喜派对
·彩票悖论·睡美人问题

遇到悖论真是太好了。现在,我们终于有希望取得进展了。

——尼尔斯·玻尔,《归因》(*Attributed*)

一个真正的悖论拥有以下要素:首先是一个或多个前提(大多数理智的人都会认为前提是真的),其次是从前提到结论的推导(看似符合所有逻辑规则),最后也是最重要的是令人不可思议的结论。本书第四章提到的"连锁悖论"(sorites paradox)就完美呈现了上述几个要素:

前提:有10000根头发的男人不秃。

推导:从任意数量的头发中拔掉一根,不会让不秃的人变秃。

结论:一根头发都没有的人也不秃。

通常来说,解决悖论的方法有两个:要么是证明"前提"有问题,要么是证明"推导"有问题。但我确定,你在阅读本书时会发现(或者已经发现了),这两点都不太容易做到。事实上,有时候这些悖论会困难到无以复加,以至于唯一合理的结论只能是:我们面对的是一个彻头彻尾的悖论。

纽科姆悖论

弗斯迪·雷丁前来拜访世界上最准确的预测机构——洛坎普顿预测公司，希望得知"隔壁邻居很快就会去世"，因为他对邻居的房子垂涎三尺。弗斯迪惊讶地发现，由于完全可预见的情况，他预约的个人咨询被取消了。相反，对方请他玩一个游戏，如果赢了可以赚一大笔钱。

对方向弗斯迪解释了游戏的玩法：他将看到两个不透明的盒子，A盒装有1万美元，B盒可能装有100万美元，也可能空空如也。他可以选择把两个盒子都带走，或者只带走B盒。

弗斯迪被告知，B盒中的金额将由洛坎普顿公司最准确的预言家判定，确保百分之百准确，但前提是：如果预言家预测弗斯迪会把两个盒子都带走，那么B盒里就不会装钱；如果预言家预测弗斯迪只会带走B盒，那么B盒里就会装有100万美元。预测将在游戏开始之前做出，也就是说，B盒中的金额是确定的。

哲学家罗伯特·诺齐克在谈到这个游戏时说，每个人都认为显然可知应该怎么做，但一半人认为该这么做，另一半人认为该那么做，而且双方都认为对方是傻瓜。

那么，
弗斯迪是应该把两个盒子都带走，还是只带走B盒？

（答案请见第128页）

提示

预测出的选择结果	实际的选择结果	A盒金额	B盒金额	总金额
带走A、B盒	带走A、B盒	1万美元	0美元	1万美元
带走A、B盒	只带走B盒	0美元	0美元	0美元
只带走B盒	带走A、B盒	1万美元	100万美元	101万美元

惊喜派对

克莱尔·布罗根从小就愤世嫉俗。还在蹒跚学步时，她就经常站在公园演讲角的板条箱上谴责人性之丑恶。

18岁生日前一周，克莱尔从来都很靠谱的父母宣布要为她举办一场惊喜派对，而且会以精彩绝伦的小丑表演收场。克莱尔听了以后不太高兴。她起初惊恐万状，但后来想了想父母的承诺，意识到自己没什么可担心的，因为派对根本不会如期举行。

她的推论是：正如她父母所说，派对将在下周的某个工作日举行，而且会是个惊喜，所以派对不可能在周五举行。因为如果周四午夜之前还没举行派对，她就知道肯定会在周五举行，那就意味着派对不是"惊喜"了。但据此推论，派对也不会在周四举行，因为如果周三午夜之前还没举行派对，她就知道肯定会在周四（因为不可能是周五）举行，也就再一次意味着不是"惊喜"了。这种推论适用于一周中的每一天。克莱尔进而得出结论：惊喜派对无法举行。

克莱尔认为惊喜派对无法举行，这个想法是对的吗？

（答案请见第130页）

脑筋急转弯15

一个男孩和一个女孩并肩坐在公园的长椅上。金发孩子说："我是女孩。"棕发孩子说："我是男孩。"他们中至少有一个人撒了谎。

哪个是女孩，哪个是男孩？

（答案请见第139页）

脑筋急转弯16

农夫要带着一只鸡、一只狐狸和一袋稻谷过河，但船不够大，所以他一次只能带一样东西过河。但问题来了：他不能把稻谷和鸡一起留下，因为鸡会吃稻谷；他也不能把狐狸和鸡一起留下，因为狐狸会吃鸡。

他怎样才能顺利过河？

彩票悖论

社会学家亚历克斯·吉本是北博维理工学院的教授。每当遇到愿意听他说话的人，他就会大声宣布，他不喜欢本国的乐透彩票。每次参加派对，他都会义不容辞地发表一通关于"彩票税"的演讲。他会解释说，彩票是人民的"新型鸦片"，目的是通过"一夜暴富"的承诺来消磨群众的奋斗热情。

不过，吉本教授藏着一个令人尴尬的小秘密——他每周都会买一张彩票。他告诉自己，他这么做是为了声援劳动人民。如果他认为自己会中奖，就不会去买彩票。幸亏每张彩票中奖的概率微乎其微（大约是1/14000000），如果他每周买一张彩票，要连续买上25万年才有可能中奖。没错，他会看电视上的彩票摇奖，却自诩是为了体会意识形态在这场大戏中彰显的力量。

吉本教授就这样快乐地生活了很多年，直到有一次说漏嘴，向哲学系的一名同事吐露了自己买彩票的秘密。那位哲学家回答说，吉本不可能真的相信自己每周买的彩票都不会中奖，并解释了为什么会这样：任何一张彩票中奖的概率都微乎其微。因此，如果某个人买的彩票号码是234456，我们有理由相信这张彩票不会中奖。以此类推，有理由相信其他任何一张彩票都不可能中奖。不过，这就意味着有理由相信没有一张彩票会中奖。但我们知道，（通常来说）会有某张彩票中大奖。这就出现了自相矛盾的情况：我们认为没有哪张彩票会中奖，但确实会有某张彩票中大奖。

这位哲学家告诉吉本教授，摆脱这个矛盾的唯一方法就是相信自己买的彩票会中奖。

这位哲学家说得对吗？

吉本教授是不是必须承认自己有可能会一夜暴富？

（答案请见第131页）

睡美人问题

　　睡美人和她懒散的白马王子遇到了一点儿小麻烦。事实证明，王子酷爱高级珠宝和羊角面包。这就意味着，睡美人靠研究发作性嗜睡病赚得的收入根本不够他挥霍。为了好好宠着白马王子，忧心忡忡的睡美人决定干点儿副业。因此，她报名参加了一个研究项目，具体流程如下：

　　周日，睡美人将进入沉睡。研究人员会抛一枚硬币，如果正面朝上，她就会在周一被唤醒，接受询问，实验结束；如果背面朝上，她就会在周一被唤醒，接受询问，然后再进入沉睡，随后在周二再次被唤醒，实验结束。尽管睡美人被告知了实验的所有细节，但她在接受询问之前或接受询问期间没法知道当天是周几。因为沉睡还会导致轻微的记忆力衰退，所以她记不住自己在实验期间有没有被叫醒过。

在询问过程中，她被问到一件事：

她估计硬币抛出正面朝上的可能性有多大？换种说法就是，她
对硬币抛出正面朝上有多大的信心？

思考这个问题的时候，需要考虑两个因素。首先，实验流程
（睡美人是醒一次还是醒两次）是由抛硬币决定的。其次，睡美人
醒来的模式有两种——如果硬币抛出正面朝上，她会醒一次；如果
硬币抛出背面朝上，她会醒两次。

睡美人应该如何回答这个问题？

（答案请见第132页）

脑筋急转弯17

某个家庭聚会有下面这些人参加：

一位祖父，

一位祖母，

两位父亲，

两位母亲，

四个孩子，

三个孙子，

两个姐妹，

一个兄弟，

两个女儿，

两个儿子，

一位公公，

一位婆婆，

和一个媳妇。

最少有几个人参加了家庭聚会？每个人分别

是什么身份？

脑筋急转弯18

比利时男人娶自己遗孀的妹妹合法吗？

（答案请见第139页）

脑筋急转弯19

你有10组砝码，每组10枚。你知道每一枚砝码应该有多重，也知道有一组砝码每一枚都超重了1千克，也就意味着整组砝码共超重10千克。你还知道，只有一组砝码出了问题。你可以用精准的磅秤，但只能称一次。

你怎么才能确定哪组砝码有问题？

答　案

爱因斯坦的谜题

· 事实14加上事实9，表明2号房是蓝色。

· 事实4加上事实5，表明4号房是绿色，住4号房的人喝咖啡，5号房是白色。

· 事实1表明，英国人住在红色的3号房里。这意味着1号房是黄色（因为唯一剩下的颜色是黄色）。我们还知道，住黄房子的人打棒球（事实7），住2号房的人养马，隔壁住着打棒球的人（事实11）。

· 事实12指出，打网球的人喝啤酒。那么他是哪国人？他不可能是挪威人（打棒球），不可能是英国人（喝牛奶），不可能是德国人（事实13），也不可能是丹麦人（事实3），所以只可能是瑞典人。我们对瑞典人有哪些了解？事实2告诉我们，他养狗。因此，我们知道瑞典人打网球、喝啤酒、养狗。这只符合住5号房的人。

· 事实3告诉我们，丹麦人只可能住2号房，喝茶的人也住在2号房。这意味着喝水的人只可能住1号房，而德国人只可能住4号房。

· 事实15表明，打排球的人肯定住2号房，事实13意味着打曲棍球的人住4号房。这就表示踢足球的人住3号房，我们还知道他养鸟（事实6）。

· 事实10告诉我们，养猫的人住1号房。

于是，我们得出了答案：

鱼是德国人养的，他住在绿色的4号房里，喝咖啡，打曲棍球！

	1号房	2号房	3号房	4号房	5号房
国籍	挪威人	丹麦人	英国人	德国人	瑞典人
房子颜色	黄色	蓝色	红色	绿色	白色
饮料	水	茶	牛奶	咖啡	啤酒
运动	棒球	排球	足球	曲棍球	网球
宠物	猫	马	鸟	鱼！	狗

三门问题：法拉利还是山羊？

威廉·卡普拉绞尽脑汁想要解决三门问题。初看起来，几乎每个人都会认为换一扇门没有好处。大概是因为，他们认为汽车在任何一扇门背后的概率相等，所以换一扇门不会有任何区别。他们错了。

威廉应该换一扇门。如果你换了门，除非你最初选择的那扇门背后是汽车，否则你就不可能输。当你做出最初的选择后，主持人必须打开一扇背后是山羊的门（不然汽车就暴露了）。也就是说，如果你最初选择的那扇门背后是山羊，主持人将不得不暴露剩下的那头山羊，也就告诉了你哪扇门背后是汽车（他没有打开的那扇门）。你最初选择的门背后是山羊的概率是2/3。这就意味着，如果你换一扇门，获胜的概率就上升到了2/3，远远超过原先的1/3。

如果你还是觉得一头雾水，后图将向你展示各种可能性。（见第88—89页图）

后图清晰地表明，如果你最初选择的那扇门背后是汽车，那么换一扇门就会输掉游戏；但如果你最初选的那扇门背后是其中一只山羊，那么换一扇门就能赢得游戏。你最初选到山羊的概率是2/3（见后图场景2和场景3）。因此，你应该换一扇门，因为这意味着你将有2/3的概率获胜。

玛丽莲·沃斯·莎凡特在《游行》杂志上提出这个问题后，收到了佛罗里达大学教授查尔斯·里德的来信："我想建议你，今后在回答这类问题之前，先找一本讲概率的标准教科书看看好吗？"

在答复中，莎凡特再次解释了为什么自己给出的答案是正确的，并请读者们自己在家里做试验。读者们进行了上千次试验，结果证实了莎凡特的说法：如果你改变原先的选择，获胜概率将是原来的两倍。

1.

玩家选中汽车（概率为 1/3）

2.

玩家选中山羊 A（概率为 1/3）

3.

玩家选中山羊 B（概率为 1/3）

如何破解爱因斯坦的谜题

主持人打开一扇有
山羊的门

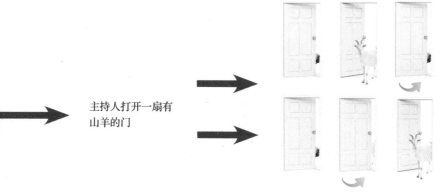

换一扇门将选中另一只山羊

主持人不得不打开
有山羊 B 的门

换一扇门将赢得游戏

主持人不得不打开
有山羊 A 的门

换一扇门将赢得游戏

贝特朗之箱

　　这个难题最初是由法国数学家约瑟夫·贝特朗（Joseph Bertrand）在19世纪提出的。解题的关键在于，想象最初的选择是在六个抽屉（而不是三个柜子）中做出的。具体如下：

1号柜	珍珠	珍珠
2号柜	珍珠	煤块
3号柜	煤块	煤块

　　有三个抽屉里放着珍珠，每个抽屉被选中的概率相等（概率为1/3）。这三个抽屉有一个在2号柜中，因此艾奥瓦·琼斯选择2号柜中那个抽屉的概率是1/3。有两个抽屉在1号柜中，也就意味着他从1号柜中选择一个抽屉，并在打开第二个抽屉时发现另一颗珍珠的概率是2/3。

　　绝大多数人都会弄错。这通常是因为他们考虑的是柜子，而不是抽屉。在这种情况下，他们会认为，因为艾奥瓦·琼斯已经打开的不可能是3号柜，所以只可能是1号柜或2号柜。这就意味着，尚未打开的第二个抽屉里是珍珠的概率为1/2——如果他打开的是1号柜，第二个抽屉里就是珍珠；如果他打开的是2号柜，第二个抽屉里就不是珍珠。

　　但实际情况是，琼斯博士选择的是一个抽屉，而不是一个柜子。这就出现了三种可能性：

　　1. 他选择的是"珍珠—煤块"柜子里的珍珠，另一个抽屉里是煤块（概率1/3）。

　　2. 他选择的是"珍珠—珍珠"柜子里的珍珠1，另一个抽屉里是珍珠（概率1/3）。

　　3. 他选择的是"珍珠—珍珠"柜子里的珍珠2，另一个抽屉里是珍珠（概率1/3）。

　　由此可见，艾奥瓦·琼斯在第二个抽屉里找到珍珠（而不是煤块）的概率是2/3。

男孩还是女孩

　　你可能会认为马丁弄错了。你也许会指出，由于任意一个孩子是男是女的概率都是50％，所以马丁的另一个孩子是男孩或女孩的可能性相同。如果你是这么想的，那你就错了。事实上，马丁的第二个孩子有2/3的可能性是女孩。

　　这是因为，对于有两个孩子的家庭来说，有四种可能的组合（孩子从小到大排列）：

> 女孩—女孩
>
> 女孩—男孩
>
> 男孩—女孩
>
> 男孩—男孩

　　以马丁为例，我们知道他的两个孩子中至少有一个是男孩，这就排除了两个孩子都是女孩的可能性。因此，我们剩下了三种可能的组合：

较小的孩子	较大的孩子
女孩	男孩
男孩	女孩
男孩	男孩

前面的表格显示，在剩下的三种组合里，有两种里面有女孩。因此，马丁有一儿一女的概率是2/3（而他有两个儿子——也就是另一个孩子也是男孩——的概率为1/3）。

你可能会认为这说法有问题，因为"男孩—男孩"的组合只计算了一次。但仔细检查就会发现，事实上"男孩—男孩"只代表一种可能性：

男孩—男孩1——弟弟和哥哥。

这与以下表述完全相同：

男孩—男孩2——哥哥和弟弟。

相比之下，"女孩—男孩"和"男孩—女孩"则代表两种不同的可能性：

女孩—男孩——妹妹和哥哥。

男孩—女孩——姐姐和弟弟。

由此可见，马丁家有一个女孩的可能性是2/3，而有两个男孩的可能性只有1/3。

他们分别多少岁？

这个谜题最初发表于1960年4月的《大众科学》(*Popular Science*) 杂志。这是一个简洁明了的逻辑谜题，不存在任何陷阱，只需进行正确的推导就能解题。

我们已知的信息是：如果将屋里三个人的年龄相乘，将得出225这个数字。为了弄清正确的年龄组合，需要算出225的因数（也就是相乘等于225的所有整数组合）。

$$1 \times 225 = 225$$

$$3 \times 75 = 225$$

$$5 \times 45 = 225$$

$$9 \times 25 = 225$$

$$15 \times 15 = 225$$

由此得出1、3、5、9、15、25、45、75、225这些因数

从这些因数出发，可以得出相乘等于225的8种年龄组合。这也为我们提供了可能的门牌号（屋里的人年龄之和）。

第1个人的 年龄	第2个人的 年龄	第3个人的 年龄	房子的 门牌号
225	1	1	227
75	3	1	79
45	5	1	51
25	9	1	35
25	3	3	31
15	15	1	31
15	5	3	23
9	5	5	19

现在，我们已经有了足够的信息，可以算出屋里每个人的年龄。我们还记得，霍斯探长让吉本再提一个问题——女孩是不是比她的兄弟姐妹年纪大得多。霍斯和吉本都能看到房子的门牌号，所以他提这个问题的原因，只能是有多个年龄组合对应同一个门牌号。因此就排除了31号以外的所有门牌号。

住在31号房的人有两种可能的年龄组合：25、3、3或15、15、1。

吉本提出的问题为我们提供了正确答案。应门的女孩回答自己确实比兄弟姐妹年纪大得多，所以排除了"15、15、1"这个组合。

这意味着屋里的三个人只能是25岁、3岁、3岁。

这是常识，我亲爱的华生

　　道警官接受的测试是心理学家彼得·沃森（Peter Wason）在40多年前设计的，它绝不仅仅是益智读物里常见的那种脑筋急转弯。这个问题揭示了人类推理能力的构建方式，尤其是我们是否擅长判断情况是否违反"条件法则"（"如果A，那么B"性质的法则）。

　　正确答案是，需要翻转两张卡片，才能确定卡片是不是按照以下规则制造的：如果卡片一面有圆形图案，那么另一面一定是黄色。需要翻转的卡片是：圆形图案的卡片和红色卡片。

　　逻辑推理如下：

　　·不需要翻转方形图案的卡片，因为它的另一面是什么颜色无关紧要——规则并没有说方形图案必须对应什么颜色。

　　·必须翻转圆形图案的卡片，因为它的另一面可能不是黄色，而这会违反规则。

　　·不需要翻转黄色卡片，因为它的另一面是什么图形无关紧要——规则并没有说黄色只能对应圆形图案，只是说如果一面是圆形图案，那么另一面一定是黄色。

　　·必须翻转红色卡片，因为它的另一面可能是圆形图案，而这会违反规则。

正如前面指出的，人们在这类测试中的表现糟糕透顶，所以你很可能会弄错。如果是这样的话，请不用太担心。不过，你至少有理由停下来稍作思考。人们通常认为，我们的世界观在逻辑上应该是连贯的，至少在某种意义上基于合理的推理。然而，如果说我们在系统地、无意识地做出错误的推理，那么上述观点就值得质疑了。

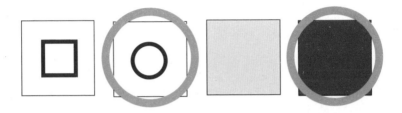

玛丽做什么工作？

当被问到"玛丽可能做什么工作"时，大多数人会推测，"她是活跃于女权运动的银行职员"（表述4）的可能性大于"她是银行职员"（表述2）。但这显然是不可能的，完全是个逻辑错误。如果玛丽是银行职员兼女权主义者，那她肯定是银行职员。换句话说，如果玛丽不是银行职员，就不可能是银行职员兼女权主义者。因此，表述4的可能性不会大于表述2。

这个基本逻辑错误也可以表述为：某人或某物同时满足两个属性（身为银行职员兼女权主义者）的概率不可能大于只满足其中一个属性（身为银行职员）的概率。

人们在这一点上很容易犯错，着实令人吃惊，因为这是个相当明显的错误。那么，该如何解释呢？最说得通的解释是，我们被描述带来的期望误导了。简而言之，当我们不得不在一系列选项（包括"玛丽是银行职员"和"玛丽是活跃于女权运动的银行职员"）中做出选择时，会假定第一个选项没有提到"女权主义"就等于宣称"玛丽是在女权运动中并不活跃的银行职员"。如果是这样的话，我们就会受到误导，得出显然是错误的答案。

这能解释我们为什么容易做出错误推理，类似的日常失误也能教给我们宝贵的一课。我们似乎并没有自己想象的那么有逻辑。

赌徒的失误

凯伦意识到自己被别人的诡计骗了。这个诡计之所以能生效，是因为它基于概率论、简单的除法和变幻莫测的人类心理。

这个诡计具体如下：足球预测公司买下了包含100万个电子邮件地址的名单，然后发出了第一封邮件。其中一半人收到的邮件写着德比郡队获胜，另一半人收到的邮件写着对手获胜（为了便于说明，我们假设每场比赛的结果都是一方获胜）。这意味着无论比赛结果如何，都将有50万人收到准确的预测。这些人（也只有这些人）会收到下一封电子邮件，预测接下来的比赛结果。其中一半人将被告知一支队伍会获胜，另一半人则被告知另一支队伍会获胜。最终，有一部分人收到的全是准确的预测结果。在他们看来，足球预测公司准确预测了每场比赛的结果。但实际情况是，那家公司列出了所有可能的结果，只是类似凯伦的人收到了一连串准确的预测结果，这完全是巧合。

因此，凯伦想明白了：几乎可以肯定，她不是唯一一个收到这些电子邮件的人。而且，收到错误预测结果的人可能远远多于只收到准确预测结果的人。

偷东西的小丑

假设博佐学院是小偷的天堂，最近发生了100起盗窃案，每次犯案的都是见习小丑，每个小丑犯案的概率相同。因此，我们预测其中85起盗窃案是蓝鼻子小丑犯下的，另外15起是红鼻子小丑犯下的。

接下来，根据目击者的证词，存在四种可能性：

> （1）作案的是蓝鼻子小丑，目击者准确指认了蓝鼻子小丑（概率80%）

> （2）作案的是蓝鼻子小丑，目击者错误指认了红鼻子小丑（概率20%）

> （3）作案的是红鼻子小丑，目击者准确指认了红鼻子小丑（概率80%）

> （4）作案的是红鼻子小丑，目击者错误指认了蓝鼻子小丑（概率20%）

这么一来，问题就变得简单多了。为了确定小偷是红鼻子的概率，我们需要知道目击者多少次指认红鼻子小丑是小偷，其中有多少次红鼻子小丑确实是小偷。只需要画一张简单的表格，就能解决这个问题。

	小偷是蓝鼻子小丑	小偷是红鼻子小丑
作案数量	85	15
目击者证词：		
蓝鼻子	68——占85起案件中的80%	3——占15起案件中的20%
红鼻子	17——占85起案件中的20%	12——占15起案件中的80%

这告诉我们，目击者有29次（17＋12）指认小偷是红鼻子，其中只有12次小偷真的是红鼻子（其他17次情况下，目击者误将蓝鼻子小偷看成了红鼻子）。

因此答案是，博佐学院的小偷是红鼻子的概率约为41%（12/29）。很多人都觉得这个答案很不可思议。他们认为，由于目击者80%的情况下都是靠谱的，因此红鼻子小丑是小偷的可能性是80%。但这个说法没有考虑目击者误将蓝鼻子小丑看成是红鼻子的情况。

消失的美元

从某种意义上说，解决这一题的方法很简单。要想弄清到底是哪里出了问题，关键就在于寻找叙述中的误导因素。这个难题之所以具有迷惑性，是因为它像优秀的魔术一样，诱导人们接受了虚假的事实。

确实，每个推销员都付了9美元的房费——换句话说，3名推销员总共付了27美元。但这27美元里包括行李员装进自己口袋的2美元。因此，没有多余的2美元能加在27美元上面，也就不存在29美元的说法。30美元是为分散注意力而提出的不相干的事实。它是3名推销员最初支付的钱数。但当3美元被退回后，30美元这个数字就与后面的情况无关了。

为了弄清前因后果，请考虑以下几点：

推销员支付了30美元房费。	酒店得到30美元。
酒店经理从30美元中拿出5美元给行李员。	酒店得到25美元。行李员得到5美元。
行李员还给推销员3美元。	酒店得到25美元。行李员得到2美元。（推销员得到3美元。）
推销员总共付给酒店27美元。	酒店得到25美元。行李员得到2美元。

从前面的表格可以看出，在3名推销员支付的27美元中，有25美元给了酒店，2美元给了行李员，所以没有理由将行李员的2美元加到推销员的27美元上（因为27美元里已经包括行李员赚到的2美元）。

这个题目之所以具有迷惑性，是因为对事件的描述误导了人们。他们会这么想："所以说，总共是3名推销员付的27美元（3×9＝27），加上行李员赚到的2美元。"

我们可别那么想。总共只有3名推销员付的27美元，其中包括行李员赚到的2美元。

囚徒困境

"囚徒困境"其实不存在正确的解决方案。不过，如果处于困境中的囚徒希望自己的利益最大化（也就是尽可能缩短刑期），那么他应该始终招供。

例如，亚瑟可以这样推论：

> 赫克托耳有可能保持沉默。但如果他这么做，而我招供了，我就能获得自由（赫克托耳则将入狱10年）。另一种可能是他会马上招供。但如果他开了口，而我没有，我就得入狱10年，他则能获得自由。因此，对我来说，招供会更好。

但问题在于，赫克托耳也会做出同样的推论，这正是造成两难处境的原因。亚瑟和赫克托耳都会为了自己的利益招供，但结果是，他们最终的处境还不如双方都保持沉默。

你可能会认为，这表明最理性的策略是双方合作，两个人保持沉默。毕竟，导致较差结果的策略（供出对方）不可能比导致较好结果的策略（保持沉默）更理性。

但关键在于，在这种处境下，合作并不是其中任何一名囚徒的最佳策略。例如，对于双方合作的策略，亚瑟可能做出以下推论：

赫克托耳很聪明，他会意识到，如果我们俩都从自身利益出发采取行动，那么两个人都会锒铛入狱。所以,他会选择双方合作、保持沉默的策略。那么，也许我也应该保持沉默? 不过，如果赫克托耳确实保持了沉默，那我选择坦白也不会有任何损失。如果我招供，就能获得自由。因此，我没道理不坦白。

需要事先声明一点：有证据表明，如果人们处于上述情境，拥有上述选择，大多数人还是会选择合作，即使这种策略看起来并不是太理性。不过，这也许证明了我们无法做出正确的推理，而没有证明我们的本性是相信他人。

1美元拍卖

　　"1美元拍卖"的场景最初是由经济学家马丁·舒比克（Martin Shubik）设计的，旨在展示看似不理性的行为可能是由一连串完全理性的步骤导致的。之所以会这样，是因为只要出现了两个报价，对出价第二高的人来说，战胜目前出价第一高的人总是划算的。但这么做的结果是，出价第二高的人的处境会越来越糟糕。舒比克指出，如果真的举行这种拍卖，报价完全可能超过3美元。

　　那么，有没有办法智胜拍卖方？当然有这个可能。如果有人出价1美分，其他人都不报价，拍卖方就赚不到钱。不过，没有能让某个人赢得竞拍的万无一失之法（前提是他无法控制其他竞拍者）。要想终结这场拍卖，他最好是比前一个人的报价高出99美分。这就意味着，出价第二高的人哪怕再报价也没用了。（例如，如果竞拍人一出价50美分，竞拍人二出价149美分，那么竞拍人一如果不再报价，就会白白损失50美分，但如果他继续出价并赢得竞拍，也会损失50美分——他支付的150美分与拍下的1美元的差额。换句话说，他继续参加竞拍没有任何好处。）赢得竞拍的人虽然还是无法获利，但至少可以在损失大到脱离掌控之前终止这场拍卖。

　　麻烦之处在于，出价第二高的人虽然无法通过继续报价获得任何经济收益，但这并不意味着他们不会继续报价。之所以会出现这种情况，一定程度上是因为人们一旦被卷入这种升级战，非理性的冲动就会开始发挥作用。因此，罗纳德·蓬普很可能会赚得盆满钵满。

赌徒谬误

鲍比·德法罗从当地超级赌场赚钱的方法无疑会行不通。方法的第一部分是所谓"赌徒谬误"的经典案例。"赌徒谬误"是指误认为概率一定的事件发生的概率会根据最近发生的次数增加或减少。以抛硬币为例就能轻松解释这一点。

一枚硬币连续抛出6次正面朝上的概率是1/64。因此，赌徒可能会认为，如果硬币连续抛出5次正面朝上，那么下一次还是正面朝上的概率是1/64。这是错误的。根据定义，硬币抛出正面朝上的概率始终是1/2。硬币可不记得之前发生过什么事，连续抛出5次正面朝上并不会影响将来抛出正面朝上的概率。（没有作弊的）轮盘赌也是一样。德法罗认为连续转出某种颜色会影响接下来发生的事，这完全是误解。

出于相关理由，他方法的第二部分同样存在缺陷。每次输掉就加倍下注，只要一次押中就能弥补之前所有损失，还能小赚一笔，这就是所谓的"亏损加仓"。理论上说，这么做是合理的。但问题在于，为了弥补输掉的钱，所需的赌注金额将呈指数增长，运用这种策略的赌徒不免会破产。德法罗最后会痛苦地发现，轮盘连续4次转出红色并不会降低下次还转出红色的概率。

谎言、该死的谎言与统计学

对于吉姆和朱尔斯谁的表现更优秀，镇长之所以改变了主意，是因为霍斯探长建议他将两场比赛结果合起来看。镇长惊讶地发现，尽管吉姆每场的平均得分都比朱尔斯高，但从两次对决的总体情况来看，朱尔斯的平均得分高于吉姆。

	吉姆	朱尔斯
抢答次数	14	16
总得分	820	970
平均得分	58.6	60.6

霍斯探长解释说，之所以会出现这种情况，是因为存在"辛普森悖论"。所谓的"辛普森悖论"，是指将几个小数据集组成一个较大的数据集后，统计结果可能与小数据集所得出的恰恰相反（因此它有时也被称为"反转悖论"）。

为了弄清这种情况是如何发生在吉姆和朱尔斯身上的，只需要了解朱尔斯拿高分的次数比吉姆多，这使他的整体得分高于吉姆（尽管在对阵海边恰德雷镇的比赛中，吉姆的得分高于朱尔斯）。

如果你还没弄明白，请根据下列数据算一算综合得分（下列数据显示，在对阵另外两支队伍的比赛中，吉姆的表现都比朱尔斯好）。

对阵湖边恰德雷镇

	吉姆	朱尔斯
抢答次数	100	1
总得分	150	1
平均得分	1.5	1

对阵海边恰德雷镇

	吉姆	朱尔斯
抢答次数	1	100
总得分	95	9200
平均得分	95	92

综合得分显示，朱尔斯的总平均分远远高于吉姆，仅仅是因为他抢答了更多简单的题目。

"辛普森悖论"在现实生活中也很有意义。1973年，加州大学伯克利分校遭到起诉，因为数据显示，在申请研究生院的学生中，男性比女性更容易被录取。但经过深入考察后发现，各院系中并不存在这种性别偏见。总体呈现这种情况的原因很简单：对于竞争激烈的研究项目来说，申请者中女性多于男性，而这些项目往往刷掉了大部分申请者。"辛普森悖论"给我们的教训是，遇到由多个较小数据集构成的较大数据集时，需要特别小心谨慎。

威慑的悖论

"威慑"这个概念通常都带有一丝紧张感。但就斯坦利·洛夫的南瓜来说，他的做法并非无法解释。洛夫的思考方式是：既然自己试图通过威慑阻止的犯罪已经发生了，就没有理由回击"梅迪帮"了。

但至少可以说，对"梅迪帮"进行回击在某种程度上是公正合理的，因为这么做可以阻止今后再出现伤害南瓜的事件。换句话说，如果洛夫按照警示牌实施了电击，就能在未来强化威慑的作用。（当然，这无法证明他采取的威胁行为是正当的，也并没有暗示这么做是合法的！）

但在某些情况下，"威慑"这个概念本身就是自相矛盾的。例如，假设你是某国领导人，敌国从军队规模到武器装备都比你强，

如何破解爱因斯坦的谜题

你可能需要依靠核威慑确保国土安全。但你知道，如果威慑失败（也就是不管你怎么做，敌国都会发动袭击），那么采取构成威慑的回击行为（发射核武器）是毫无意义的。你不可能通过这种行为赢得战争。事实上，这么做只会导致数百万人丧生。

但如果你事先知道，自己在遇到袭击后不会或不该做出回应，你就无法构成真正的回击意图，从而使威慑一开始就发挥作用。从这个角度来看，你将无法确保自身安全。

这种思维方式导致一些人对打造"世界末日装置"的想法嗤之以鼻。所谓的"世界末日装置"就是已经设定完成而且无法取消，在遇到全面袭击时会自动进行回击，而不是依赖活人采取行动的机器（因为活人可能会心软逃避）。但正如《奇爱博士》中博士发现的那样，"世界末日装置"可能会酿成大麻烦。

司法管辖权的悖论

朱迪·所罗门法官可能会得出结论："是谁杀了鹦鹉伊卡洛斯？它什么时候被杀的？它在什么地方被杀的？"这些问题没有确切的答案。不是因为缺乏相关事实，而是因为问题本身不合理。具体来说，关于伊卡洛斯之死，这些问题试图获取根本不存在的信息。至于那只鹦鹉身上到底发生了什么事，我们已经掌握的信息只有：它在秋季野鸡狩猎中被比利·布莱克劳开枪打伤，第二年春天在小博维伤重不治。

但这个难题相当有趣。尤其是在现实生活中，人们常常遇到类似的问题，并需要为此做出决定。例如，哲学家艾伦·克拉克（Alan Clark）就指出，1952年的一桩庭审案件中，被告做了一档诽谤性的广播节目，他应该在节目播出的地方接受判决，而不是在听众听到节目的地方。再例如，美国不同的州对谋杀有不同的刑罚，有些州存在死刑，有些州则没有死刑。很容易想象以下情景：在类似伊卡洛斯的案件中，法院要判定凶手该在哪个司法管辖区接受判决，而法院做出的判决对被告来说确实是生与死的区别。

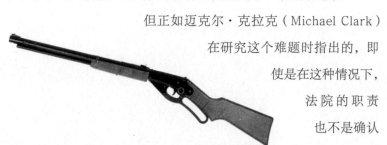

但正如迈克尔·克拉克（Michael Clark）在研究这个难题时指出的，即使是在这种情况下，法院的职责也不是确认

谋杀的时间、地点，而是确认凶手及其罪行。法院将不会就事实展开讨论，只会在特定的法律框架下对案件进行解释。

秃头的逻辑

参孙说自己永远不会变秃，这个推论源于所谓的"连锁悖论"。问题在于，从任意数量的头发里拔掉一根，似乎不可能让不秃的人变秃。"秃"看似是个模糊的概念，并不存在明确的界限。但棘手之处在于，根据这个前提得出的结论显然是错误的——到了某一时刻，如果你再拔掉一根头发，那个人就会变秃。显然，我们对世界的认知（如果一次拔参孙一根头发，他最后就会变秃）与推导得出的结论（参孙永远不会变秃）之间存在矛盾。这是一个真正的悖论。

对于"连锁悖论"，并不存在公认的答案。不过，解决这个问题的方法有很多。一种方法是否认"从不秃的男人头上拔掉一根头发，永远不会让他变秃"这个前提。这相当于表示，从特定数量的头发里拔掉一根，就会导致不秃的人变秃，而这是有悖直觉的。这似乎需要某位哲学家所说的"语言学上的奇迹"。毕竟，"秃"之类的形容词似乎并没有确切的定义。

这个悖论有趣的一点在于它具有现实意义。例如，请想一想下面这个问题：如何确定一个人在情感上成熟到能与人发生关系的程度？你也许不难想象跟15岁的孩子吵起来，说他们还太小，还不能

发生性关系。他们会反唇相讥："所以，你是说我16岁生日那天年纪就够大了，但生日前一天还不够大，不可以跟人发生性关系？"更简单的例子是，很多人都认为拿9件商品走超市的"8件商品以下快速结账通道"没问题，因为只多1件商品没什么大不了的。但如果9件商品是可以接受的，多1件商品没什么大不了，那么10件商品也是可以接受的。这意味着11件商品肯定也没问题，以此类推……如果你发现自己被这些说法搞得晕乎乎的，那么请放心，不是只有你一个人如此。"连锁悖论"已经困扰了哲学家们2000多年。

多莉的猫与忒修斯之船

多莉对蒙莫朗西的担忧与所谓的"忒修斯之船悖论"有关。古罗马哲学家普鲁塔克对此的描述如下：

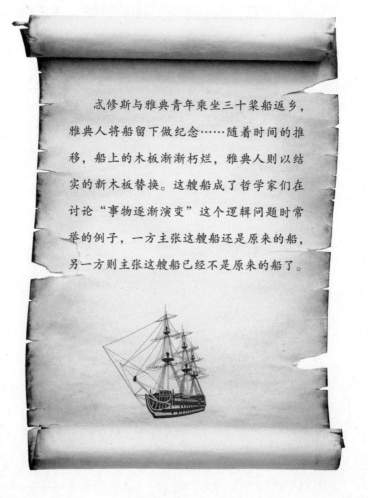

  忒修斯与雅典青年乘坐三十桨船返乡，雅典人将船留下做纪念……随着时间的推移，船上的木板渐渐朽烂，雅典人则以结实的新木板替换。这艘船成了哲学家们在讨论"事物逐渐演变"这个逻辑问题时常举的例子，一方主张这艘船还是原来的船，另一方则主张这艘船已经不是原来的船了。

简而言之，矛盾之处在于，某个物体可以被一部分一部分替换，直到最初的物体分毫不剩，但看起来仍然是原本的样子。因此，在"多莉的猫"这个例子中，大多数人的第一反应是，即使新蒙莫朗西是由全新材料构成的，它仍然和旧蒙莫朗西是同一只猫。

这个假说听起来挺合理的。如果真是这样，多莉就不用担心了。这个说法是基于以下思路：蒙莫朗西的同一性不是由组成它身体的特定部分定义的，也就意味着并不需要每个部分始终保持原样。（同理，你的同一性并不会要求组成你身体的每个细胞永不衰老。）

但这个悖论并没有那么容易解决。确实，我们尚不清楚是否存在正确答案。例如，假设多莉没有丢掉蒙莫朗西老旧的身体部位，而是将它们冷冻了起来。过了一段时间，她突然希望拥有两只毛茸茸的宠物猫，于是将旧蒙莫朗西重新组装起来。如果那样的话，到底哪只猫才是蒙莫朗西？人们不禁会认为两只猫都是蒙莫朗西，但这要求我们坚持一个观点——两只猫是同一只猫，而这显然是不可能的。

无限旅馆

　　无限旅馆和它能够容纳多少客人的问题，最初是由德国数学家大卫·希尔伯特（David Hilbert）提出的。实际上，本书所呈现的版本的答案非常简洁明了，虽然从某种意义上说有悖直觉。

　　为了容纳无穷多位新客人，并确保每个人都不会跟别人共用一间房，酒店经营者巴兹尔·辛克莱要做的就是请现有客人按照以下方式换房间：

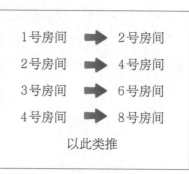

```
1号房间  ➡  2号房间
2号房间  ➡  4号房间
3号房间  ➡  6号房间
4号房间  ➡  8号房间
      以此类推
```

　　这将为新客人留出无穷多个奇数号房间。当新客人全部入住后，旅馆的所有房间将再次住满。但关键在于，正如霍斯探长指出的那样，这并不意味着没有多余的房间可供更多客人使用。如果还有新客人想入住，旅馆经营者只需重复上述过程，或是对上述过程稍作调整。

　　尽管这并不是真的自相矛盾，但确实存在古怪之处。例如，如果一半的客人现在离开旅馆（假设是所有住偶数号房间的人），那

么就会有一半房间空出来，但旅馆里仍然住着无穷多位客人。

　　你是不是觉得这个问题解决起来太轻松了？如果是的话，请设想以下场景：无穷多辆长途客车同时抵达，每辆车里都坐着无穷多位乘客。你要怎么为所有新客人安排房间，确保每个人都不会与别人同住一间房？

芝诺与两人三足赛跑

"阿喀琉斯与龟"是古希腊哲学家芝诺提出的经典运动悖论。这个悖论似乎表明，如果空间（和／或时间）可以被无限分割，那么运动就是不可能的。例如，请设想一下，你要穿过一个房间，必须先跨过一半距离，才可能完成整段路程。但是，你必须先跨过一半距离的一半，才可能跨过一半距离。以此类推，无穷无尽。你似乎永远都迈不出第一步。

当然，我们知道人能够穿过房间，乌龟会在百米赛跑中被人追上，这就意味着芝诺的推论肯定存在问题。但要准确找出问题所在并不容易。最普遍的方法是指出现代数学对这一悖论的驳斥，因为无限数列（1/2＋1/4＋1/8＋1/16＋…）的总和是有限的，也就意味着跨过这段距离需要花费的时间是有限的（时间长短取决于距离和速度）。

但这个回答并不能让人满意。正如哲学家弗朗西斯·莫克罗夫特（Francis Moorcraft）指出的，这并没抓住芝诺悖论的关键。我们知道，在现实生活中情况并非如此。问题的有趣之处恰恰在于，芝诺的推论到底在哪里出了错。我们想要知道的是，当两人三足赛跑中的哲学家问"这番推论究竟错在哪里"的时候，我们应该对他说些什么。但这个问题已经让人们困惑了2000多年，至今还没有明确的答案。

图书馆员的困境

　　小博维图书馆的编目主管亚历山德拉·佩加蒙遇到了一个悖论的现实版本。这个悖论最初是由哲学家伯特兰·罗素发现的。她绞尽脑汁想要解决的问题是："没有将本身纳入目录"的总目录，该不该纳入它本身？问题在于，如果这份总目录不纳入它本身，那它就属于"没有将本身纳入目录"的目录，因此应该纳入它本身（因为它编录的是所有"没有将本身纳入目录"的目录）。但是，如果这份总目录纳入了它本身，那它就不属于"没有将本身纳入目录"的目录。在这种情况下，它就不应该纳入它本身。因此，佩加蒙陷入了两难境地。这是一个真正的悖论。

　　这个悖论更正式的表述如下：所有"不包含自身的集合"的总集合，是否应该包含它本身？如果没有包含的话，那它就应该包含；如果包含了的话，那它就不应该包含。

　　罗素提出的悖论简洁明了，但它的影响极为深远。它表明20世纪初人们对逻辑和数学的思考方式存在问题。

　　这个悖论还附带了一个有趣的故事。1903年，伯特兰·罗素给哲学家戈特洛布·弗雷格写信概述了这个悖论，这个悖论从此曝光。此前，弗雷格花了30年时间发展了一套关于数学基础的理论。毫不夸张地说，这简简单单的一封信毁掉了弗雷格毕生的心血。

说谎者悖论

明希豪森面对的是"说谎者悖论"的两个版本。这个悖论最初是在公元前4世纪由古希腊哲学家米利都的欧布里德提出的。

使明希豪森落败的命题"这句话不是真的"被称为"强化版说谎者悖论"。这句话本身是自相矛盾的,因为如果这句话是假的,那么它就是真话(因为这句话所表达的就是"它是假的");但如果这句话是真的,那么它就是假话(因为这句话恰恰表达了"它是假的")。此外,明希豪森认为,不能说它是真话,也不能说它是假话,这个想法是正确的。因为如果说这句话既不真也不假,那么它就是"不是真的",而这恰恰是它原本的表述,于是又变回了悖论。

如果知道世上没有任何一种公认的方法能摆脱这个悖论,明希豪森也许能得到些许安慰。最常见的解决方法是,指出这类提及自身的表述是毫无意义的。如果这个方法是正确的,那么所有悖论都能得到解决,因为这些表述没有命题内容（也就是说，它们没有提出能够判定真假的主张）。

然而，我们无法明确这个方法的正确性。哲学家弗朗西斯·莫克罗夫特用一个简洁的例子说明了这一点。请设想一下，你在人行道上发现了一张卡片，卡片的一面写着：

> 此卡片另一面的句子是真话。

卡片另一面写着：

> 此卡片另一面的句子是假话。

麻烦之处在于，如果前一句话是毫无意义的，为什么还要翻转卡片去看另一面？

圣彼得堡悖论

"乔治·麦克莱伦应该出价多少"这个问题的答案有悖直觉，因此需要分阶段加以分析。

首先要确定的是这场游戏的期望值，也就是玩家期望通过游戏平均赢多少钱。下面是简化版的示例。这场游戏有两种可能的结果，得出两种结果的概率相等：

	概率	奖金	期望收益（按概率划分的奖金数额）
结果 1	50%	2000 美元	1000 美元
结果 2	50%	200 美元	100 美元
期望值			1100 美元

上面的表格显示，游戏的期望值是 1100 美元。这相当直观，因为它是两个可能结果（出现概率相同）赢得奖金的平均值。如果赌徒花 1000 美元参加这场游戏，那么只要稍稍玩上几轮就一定会赢钱。（如果你不相信的话，请在家里试试抛硬币，用硬币的正反面代表上述两种结果。）

接下来，如果我们以同样的方式计算无限旅馆的游戏：

抛出背面朝上的局次（N)	N 出现的概率	期望的奖金	收益（按概率划分的奖金数额）
1	1/2	2 美元	1 美元
2	1/4	4 美元	1 美元
3	1/8	8 美元	1 美元
4	1/16	16 美元	1 美元
5	1/32	32 美元	1 美元
6	1/64	64 美元	1 美元
7	1/128	128 美元	1 美元
8	1/256	256 美元	1 美元
9	1/512	512 美元	1 美元
10	1/1024	1024 美元	1 美元
$n \to$ 无穷多	$1/2^n$	2^n 美元	1 美元→无穷多
期望值			无穷多美元

这表明，假设游戏的期望值是所有可能结果的预期收益之和（正如我们在简化版中看见的那样），再假设存在无穷多个可能结果

（因为游戏可能会无限期地进行下去），那么预期收益将是无穷多美元！

　　这意味着理性的赌徒为了参加游戏，应该愿意支付任何有限的金额。当然，没有哪个理性的赌徒愿意这么做。这就是为什么这个结论被认为是自相矛盾的。

　　霍斯探长对乔治·麦克莱伦解释说，这个悖论被称为"圣彼得堡悖论"，近300年来一直困扰着无数数学家和哲学家。他指出，对这个悖论的解释可能需要用到"规避风险"这种心理。所谓的"规避风险"是指，我们不愿意投入大量金钱，去赌自己有极小的可能性赢得巨额财富。不过，霍斯探长也提出，"无限旅馆拥有无穷多位客人"这个事实也许意味着游戏确实能让部分客人一夜暴富。

法庭悖论

这是"法庭悖论"困境的一种版本。所谓的"法庭悖论"常常与希腊诡辩家普罗塔哥拉联系在一起，但通常并不被视为真正的悖论。与古希腊的某些悖论比起来，它的解决方法并没有那么麻烦。

法庭不应该判洛克海文法学院胜诉。维恩波尔与该学院签了协议，规定他只有在第一次出庭胜诉后才需要支付学费。迄今为止他还没有胜诉过，所以不需要支付学费。不过，普罗塔哥拉教授认为，维恩波尔在此案中胜诉的后果是支付学费，这个想法是正确的。因此，如果维恩波尔在第一次出庭胜诉后拒绝支付学费，法学院第二次向他发起诉讼，那么法学院肯定会胜诉。

不过，尽管普罗塔哥拉想出了一个巧妙的诡计逼迫维恩波尔付学费，但在现实生活中，这么做可能不利于法学院未来的发展。最重要的是，如果维恩波尔胜诉，法官很可能会判法学院支付罚金，以弥补维恩波尔的开销。这么一来，法学院欠维恩波尔的钱肯定会多于维恩波尔欠的学费，因为维恩波尔的开销恰好包括他要付给法学院的学费。

布里丹之驴

霍斯探长声称自己描述的场景（称为"布里丹之驴"悖论）证明了人类拥有自由意志，并证明了因果决定论的错误性，他的说法是错的。但毫无疑问，这向"我们的所有行为都由前因决定"这一论点发起了挑战。

问题在于，以下情况似乎确实存在：如果因果决定论为真，那么一个人恰好站在两堆等质等量的食物中间，没有任何因素让他倾向于其中一堆，这个人就无法决定要吃哪堆食物。但如果有人确实处于这种情况，他肯定能做出选择，这似乎也没错。因此，要想摆脱这个悖论，我们似乎需要证明"因果决定论是错误的"。

尽管这个论点极具说服力，但并不是定论。例如，设想一下，有人可以宣称，如果一个人真的碰上这种情况，就是无法做出选择。换句话说，我们也可能勉强接受这种看起来高度反直觉的观点——一个人无法做出选择，最后活活饿死。当然，如果你认为现实生活中永远不会出现这种情况，也不会造成论证的前后矛盾。

如何破解爱因斯坦的谜题

我们完全有理由认为，在充满因果关系的现实生活或上述情况中，总会有某些因素为我们的决策提供依据。这些因素有可能是我们习惯用右手而非左手，也有可能是光照在食物上的样子。

因此，尽管霍斯探长为驳斥因果决定论提出了有力的论据，但他最终并没有证明因果决定论是错误的。此外，有一些科学证据表明，自由意志可能是一种幻觉，而因果决定论之类的东西可能是真实存在的。本杰明·里贝特[1]的研究尤其表明，在我们察觉到想要采取行动之前，自发行为就已经在大脑中无意识地发动了。那么，赫克托耳·豪斯可能说得没错，他不该因为盗窃纯血统龟受到惩罚。

---

1 本杰明·里贝特（Benjamin Libet），人类意识领域的先驱科学家，加州大学旧金山分校生理学系研究员，2003年获得"虚拟诺贝尔心理学奖"，在人类意识、行动动机、自由意志等领域的实验研究取得了开拓性成就。

纽科姆悖论

弗斯迪·雷丁要玩的游戏基于物理学家威廉·纽科姆在1960年设计的一项思维实验。它至今还没有公认的答案，仍是许多人争论的话题。不过，有两种推论方式分别支持两种不同的策略。

第一种推论方式指出，雷丁应该只带走B盒，除此以外做任何事都是犯傻。他知道预言家的预测是准确的，因此，他如果只带走B盒，确保能赚到100万美元。但如果他也带走A盒，B盒就会是空的，因此他会损失本该在B盒里的100万美元。

这看起来似乎合情合理。

问题在于，第二种推论方式支持相反的做法，而且似乎同样合情合理。这种推论方式认为，雷丁显然应该把两只盒子都带走。在他做出选择之前，预言家已经做出了预测，盒子里的钱数已经确定

如何破解爱因斯坦的谜题

不变了。这就意味着，无论他带走一只盒子还是两只盒子，都不会对结果产生任何影响。由此可见，如果雷丁把两只盒子都带走，无论B盒是装着100万美元还是空空如也，他都能多赚1万美元。毕竟，如果B盒原本是空的，即使他只带走B盒，它也仍然是空的。

当然，推论和反推论还可以继续进行——无论是支持还是反对，这两种观点都还有很多东西可谈。不过，这个两难困境并没有明确的解决方案。哲学界也许会稍稍偏向第二种观点，毕竟它基于所谓的"占优原则"[1]。不过，第一种推论运用了所谓的"预期效用假说"（一种估计人们投注偏好的复杂方法），也有许多坚定的支持者。

---

1 占优原则（dominance principle），指博弈论中的"占优策略"，即无论竞争对手如何反应，都属于本方最佳选择的竞争策略。

惊喜派对

　　克莱尔采用的推论方法被称为"逆向归纳法"，常常在关于"突击检查"或"处以绞刑"的故事中起重要作用。我们要指出的第一点是，她不该这么自信满满，认为派对肯定不会举行。如果她确信派对不会举行，她父母就可以把派对安排在一周中的任何一天，因为无论是哪一天都会给她惊喜。

　　可以说，更有趣的问题在于克莱尔的推论是否正确。一方面，显然惊喜派对实际上是有可能举行的：我们觉得所有人都会因为五天内要开个派对而感到惊喜。另一方面，很难说克莱尔的推论到底哪里出了问题（事实上，有人表示这属于比较难应付的哲学难题）。

　　也许可以这么回答：尽管逆向归纳法能起作用，但它帮不上大忙。例如，迈克尔·克拉克就指出，关于周三晚上的推论中存在不确定性，使"周四举行派对"可能带来惊喜。具体来说就是，周三的时候她可能会想"举行派对给我惊喜的承诺可能无法兑现"，这就使派对在周四或周五都有了举行的可能。在这种情况下，你无法确定派对会不会在周四举行（因为它可能在周五举行，尽管这样就不是惊喜了）。这就意味着，如果派对在周四举行，它就将是个惊喜。如果你承认了这个说法，那么此前每一天都可以举办惊喜派对。

彩票悖论

这个悖论有一个简单的解决方法：问题不在于我们相信某张特定彩票不会中奖，而在于我们相信它有极大可能不会中奖。这不但彻底消除了悖论，还被以下想法所证实：我们在看彩票摇奖的时候会意识到，某些特定的彩票没有中奖。如果真是这样，那么亚历克斯·吉本声称"不相信自己的彩票会中奖"就是言不由衷。事实上，他只是认为可能性很小罢了。

不过，这个回答存在一个问题。请设想以下情形：你打开电视，发现没有图像。你拿遥控器换台，但还是没有图像。你继续换台，试过了所有主流电视台，但就是没有图像。于是，你得出结论：不是电视机出了问题，就是有线电视服务出了问题。你不会相信所有电视台同时停止播出节目（因为这么想似乎不理智）。但从理论上说，这是有可能的。事实上，出现这种情况的可能性还高于某张特定彩票中奖的概率（1/14000000）。

当然，关键在于，相信各大电视台没有停止播出节目似乎更合理。"各大电视台同时停止播出节目的可能性很小"并不是唯一合理的想法。你可能会认为是电视机坏了，而忽略"各大电视台同时停止播出节目"这微乎其微的可能性。但如果真是如此，"没有任何一张彩票能中奖"的想法也是同样的道理，这就再次导致了悖论。

睡美人问题

这项思维实验被称为"睡美人问题",是概率论中一个较为复杂的谜题。

也许最直观的答案是:硬币有一半的概率会抛出正面朝上。睡美人在整个过程中只知道一点:研究人员抛了一枚硬币,可能抛出了正面,也可能抛出了背面。此外,她当下的情况无法让她了解更多信息。在这种情况下,她应该得出结论:硬币抛出正面朝上的概率是1/2。

不过,还存在一种更复杂的情况。有人会声称,睡美人应该得出以下结论:硬币抛出正面朝上的概率是1/3。假设这项实验已经进行了1000次,最完美的情况是抛出500次正面和500次背面。但关键在于,从睡美人的角度来看,她在硬币抛出背面朝上时醒来的次数,是硬币抛出正面朝上时的两倍。

硬币抛出的结果	实验次数	周一醒来	周二醒来	醒来总次数
正面	500	500		500
背面	500	500	500	1000

前面的表格显示,如果该实验进行了1000次,那么睡美人在

硬币抛出正面朝上时醒来了500次，在抛出背面朝上时醒来了1000次。这表明，她应该估计硬币正面朝上的概率是1/3。

这个问题目前还没有公认的正确答案，尽管越来越多的人倾向于回答"概率是1/3"。如果你想进一步思考这个难题，请考虑以下情况：如果硬币抛出背面朝上，睡美人不是连续两天醒来，而是连续499天醒来。在这种情况下，她醒来时应该估计硬币抛出正面朝上的概率是多少？

第1章

1. 将5加仑的容器装满水，用这些水装满3加仑的容器。这么一来，5加仑的容器里就剩下2加仑水了。将3加仑的容器倒空，倒入5加仑容器中剩下的2加仑水。接下来，将5加仑的容器重新装满水，然后用里面的水将3加仑的容器（里面已经有2加仑水）装满。这么一来，5加仑的容器里就剩下4加仑水了。

2. 80分钟等于1小时20分钟。

3. 国王的小儿子骑了哥哥的马。

4. 蕾切尔全程的平均车速不可能达到60英里／时。她只有不用时间就返回原处，才能把整段旅程中的平均车速翻倍。（因为她已经用掉了很多时间，再增加时间只会使她的平均车速低于60英里／时。）

第 2 章

5. 解决这个问题需要用到一些代数知识。58 只眼睛意味着总共有 29 只动物。用 x 代表大象的数量，用 $29 - x$（动物总数减去大象数量）代表鸸鹋的数量，然后列出方程：

$4x + 2(29 - x) = 84$	$4x$ 是因为每头大象有 4 条腿；$2(29 - x)$ 是因为每只鸸鹋有 2 条腿；所有动物共有 84 条腿。
$4x + 58 - 2x = 84$	去掉括号（29 和 $-x$ 分别乘以 2）。
$2x = 26$	等号左边的 $4x$ 减去 $2x$，等号两边同时减去 58。
$x = 13$	等号两边同时除以 2，得出大象的数量。

共有 13 头大象，因此有 16 只鸸鹋（$29 - 13 = 16$）。

6. 一分钟前碗是半满的状态。

7. 共有三只天鹅。

8. 这两个男孩是三胞胎中的两个。

第3章

9. 你应该随便问一名警卫："如果我问'哪扇门背后是金子'，另一名警卫会怎么说？"无论他怎么回答，金子都在另一扇门背后。（如果你问的警卫总是说真话，他就会如实告诉你撒谎者会怎么说，所以你就知道不是那扇门。如果你问的警卫总是撒谎，他就会骗你诚实警卫会怎么说，所以你就知道不是那扇门。）

10. 共有40320种摆法。第一本书可以从8本书里选，第二本书可以从7本书里选，第三本书可以从6本书里选，以此类推，直到最后一本。

$$8 \times 7 \times 6 \times 5 \times 4 \times 3 \times 2 \times 1 = 40320$$

如何破解爱因斯坦的谜题

第4章

11. 共有32名球员参加比赛。

轮数	总比赛数	总人数
决赛	1	2
半决赛	$(1 + 2) = 3$	4
四分之一决赛	$(1 + 2 + 4) = 7$	8
第二轮比赛	$(1 + 2 + 4 + 8) = 15$	16
第一轮比赛	$(1 + 2 + 4 + 8 + 16) = 31$	32

12. 那个男人个子很矮，够不到8楼以上的电梯按钮。除非是下雨天，他可以借助雨伞按下10楼的按钮。

第 5 章

13. 早上 7 点。你知道钟在凌晨 2 点显示的时间是准确的，也知道钟在显示时间为早上 8 点 24 分的时候停了。也就是说，钟一共走了 6 小时 24 分钟（也就是 384 分钟）才停。由于钟每走 96 分钟相当于实际上的 1 个小时（每小时多走 36 分钟），做个简单的除法就可以算出钟一共走了 4 个小时（386÷96＝4）。这就意味着，钟是早上 6 点（1 个小时前）停的，所以现在是早上 7 点。

14. 同时受了四种伤的士兵最少有 3 个。受伤总人数为 153。如果全部 50 名士兵都受了三种伤，那么还多出三种伤。因此，50 名士兵里肯定有 3 个人受了四种伤。

第6章

15. 两个孩子肯定都在说谎,因为如果只有一个人说谎,那么两人会是同样性别,但我们知道坐在长椅上的是一个男孩一个女孩。由于两个孩子都在说谎,那就意味着金发的是男孩,棕发的是女孩。

16. 农夫应该先带鸡过河,然后返回对岸,带狐狸过河。关键在于,他带狐狸过河后,要在返回对岸的时候带上鸡。然后,他带稻谷过河,把鸡留在对岸。当他最后一次返回后,再带鸡过河。绝对不能让鸡和稻谷待在一起,也不能让狐狸和鸡待在一起(这对鸡和稻谷来说都是好事)。

17. 家庭聚会共有7个人参加:两个女孩、一个男孩、他们的父母和祖父母。

18. 不合法,因为死人没法结婚。

19. 你可以从第一组砝码中随意找一枚,第二组里找两枚,第三组里找三枚,以此类推,并将这些砝码放在磅秤上称。如果称出的总重量超出预期1千克,就说明问题出在第一组。如果总重量超出预期2千克,就说明问题出在第二组,以此类推。

图片来源

感谢以下机构对本书图片使用的慨允:

Alamy: pp. 15, 49; Corbis: pp. 20, 32, 46, 56, 68; GettyImages: p. 6; iStockphoto: pp. 目录页, 8, 9, 10, 11, 12,13, 14, 16, 17, 18, 25, 27, 28, 30, 31, 34, 37, 38, 40, 42,43, 44, 51, 52, 53, 54, 55, 59, 60, 62, 65, 70, 75, 78, 79,80 , 83, 85, 86, 87, 88, 89, 101, 102, 105, 108, 110, 111,112, 114, 117, 118, 120, 124, 126, 128, 133, 136, 137,138

如何破解爱因斯坦的谜题

图书在版编目（CIP）数据

　　如何破解爱因斯坦的谜题：挑战智商的 29 个推理难题 /（英）杰里米·斯特朗姆著；王岑卉译 . -- 武汉：长江文艺出版社，2021.8
　　ISBN 978-7-5702-2220-9

　　Ⅰ . ①如… Ⅱ . ①杰… ②王… Ⅲ . ①逻辑推理 Ⅳ . ① O141

　　中国版本图书馆 CIP 数据核字 (2021) 第 105552 号

著作权合同登记号：图字 17-2021-129

Einstein's Riddle by Jeremy Stangroom
Copyright © Elwin Street Limited 2009
Conceived and produced by Elwin Street Productions
10 Elwin Street
London, E2 7BU
UK
www.modern-books.com
Simplified Chinese edition copyright © 2021 by United Sky (Beijing) New Media Co., Ltd.
All rights reserved.

如何破解爱因斯坦的谜题：挑战智商的 29 个推理难题
RUHE POJIE AIYINSITAN DE MITI : TIAOZHAN ZHISHANG DE 29 GE TUILI NANTI

选题策划：联合天际	特约编辑：李明佳 王羽鬺
责任编辑：黄 刚	责任校对：毛 娟
美术编辑：程 阁	责任印制：邱 莉 胡丽平
封面设计：左左工作室	

出版：长江出版传媒 长江文艺出版社
地址：武汉市雄楚大街 268 号　　　　邮编：430070
发行：长江文艺出版社
　　　未读（天津）文化传媒有限公司　（010）52435752
http://www.cjlap.com
印刷：北京雅图新世纪印刷科技有限公司

关注未读好书

开本：880 毫米 × 1230 毫米　　1/32　　印张：4.5
版次：2021 年 8 月第 1 版　　2021 年 8 月第 1 次印刷
字数：88 千字

未读 CLUB
会员服务平台

定价：42.00 元
